Grundprinzipien des Marketingcontrollings

Sven Reinecke

W0175506

Grundprinzipien des Marketingcontrollings
Sven Reinecke

Satz und Layout: Mediengestaltung, Compendio Bildungsmedien AG, Zürich
Druck: Edubook AG, Merenschwand

Artikelnummer: 6207
ISBN: 978-3-7155-9360-9
Auflage: 1. Auflage 2008
Ausgabe: K0088
Sprache: DE
Code: OMK 001

Inhaltsverzeichnis

Vorwort

«Advanced Marketing» ist eine neue Herausgeberreihe des Instituts für Marketing und Handel an der Universität St. Gallen, mit der drei Ziele verfolgt werden:

1. *Relevanz:* Die Publikationen im Rahmen der Reihe «Advanced Marketing» greifen Marketing- und Verkaufsthemen auf, die in Wissenschaft und Praxis entweder hochaktuell und innovativ sind, oder aber sie fokussieren auf solche Themen, die inzwischen zu «bewährten Klassikern» geworden sind. Durch den Einsatz neuer Drucktechniken ist es möglich, Kleinauflagen zu erstellen; dadurch kann das Marketing-Know-how immer auf dem aktuellen Wissensstand vermittelt werden.
2. *Prägnanz:* Jede «Advanced Marketing»-Schrift versucht, einen eindeutigen Fokus zu setzen und jeweils die wichtigsten Aspekte eines klar definierten Themas auf wenigen Seiten zusammenzufassen. Um aber dennoch eine gewisse Vollständigkeit und Breite zu gewährleisten, erfolgen ausgewählte Querverweise auf aktuelle wissenschaftliche Literatur oder bewährte Standardlehrbücher.
3. *Transfer:* Aktuelles Marketingwissen soll in verständlicher, aber dennoch nicht simplifizierter Form so präsentiert werden, dass es bei Marketingführungskräften in der Praxis Lernprozesse auslöst. Der Schreibstil ist daher weder grundlagenwissenschaftlich-kompliziert noch populärwissenschaftlich-trivial. Da Führungskräfte zunehmend in internationalen Kontexten arbeiten, erscheinen alle Publikationen gleichberechtigt in englischer und deutscher Sprache. Dadurch sollen der Wissenstransfer in Unternehmen gefördert und Sprachbarrieren überwunden werden.

Wir sind davon überzeugt, dass dieses neu entwickelte Format insbesondere den Bedürfnissen in der Managementweiterbildung entspricht. Herzlichen Dank für Ihr Feedback (E-Mail: Sven.Reinecke@unisg.ch).

St. Gallen, im Juli 2008
Prof. Dr. Sven Reinecke

Teil A   Marketingcontrolling als relevantes Forschungs- und Anwendungsgebiet

Aktualität des
Themas
«Marketing-
controlling»

In der deutschsprachigen Marketingwissenschaft erlebt das Thema Marketingcontrolling nach intensiven Forschungstätigkeiten zu Beginn der achtziger Jahre einen neuen Höhepunkt (u. v. a. Link/Gerth/Voßbeck 2000, Reinecke 2004, Bauer/Stokburger/Hammerschmidt 2006, Reinecke/Janz 2007). Seitdem das amerikanische Marketing Science Institute das Thema *«Marketing Metrics»* mehrfach hintereinander zum Thema mit der höchsten Forschungsrelevanz erhoben hat, ist auch in der internationalen Marketingwissenschaft eine deutlich verstärkte Auseinandersetzung mit diesem Thema zu spüren (Clark 1999, Ambler 2003, Lenskold 2003, Moorman/Lehmann 2004, Rust et al. 2004, Rust/Lemon/Zeithaml 2004, Shaw/Merrick 2005 und Farris et al. 2006).

Nachfolgend sollen die Grundlagen und Aufgaben eines modernen Marketingcontrollings sowie die Entwicklungstrends dieser neuen Teildisziplin aufgezeigt werden.

1   Marketingcontrolling als Sicherstellen von Effektivität und Effizienz einer marktorientierten Unternehmensführung

Marketing und Controlling als Schwesterfunktionen

Beim Marketingcontrolling handelt es sich um ein klassisches Schnittstellenthema zweier betriebswirtschaftlicher Teilgebiete. Marketing und Controlling stehen in einem ambivalenten Verhältnis zueinander. Einerseits werden sie als Zwillingsschwestern charakterisiert, weil beides übergreifende Konzepte sind, die nicht das Privileg einzelner Experten sein sollten (Deyhle 1988, S. 15), andererseits kommt ein natürlicher Ziel- und Interessenkonflikt zum Ausdruck, wenn *Marketing als «Führung vom Markt her»* und *Controlling als «Führung vom Ergebnis her»* gesehen wird.

Controlling als Entscheidungsunterstützung

Horváth (1985, S. 13) unterstreicht allerdings einen wesentlichen, allgemein akzeptierten *Unterschied zwischen Marketing und Controlling:* Marketing als unmittelbare Managementaufgabe schließt die Entscheidungsfindung ein, während Controlling «lediglich» eine entscheidungsunterstützende Aufgabe wahrnimmt. Controlling wird allerdings als ureigene Managementfunktion angesehen (Controlling als Gemeinschaftsaufgabe von Managern und Controllern), die in enger Kooperation von Managern und Controllern erbracht wird. Mit anderen Worten: Controlling wird nicht (nur) von Controllern, sondern insbesondere vom Management ausgeübt.

Abbildung 1   Controlling als Gemeinschaftsaufgabe von Managern und Controllern

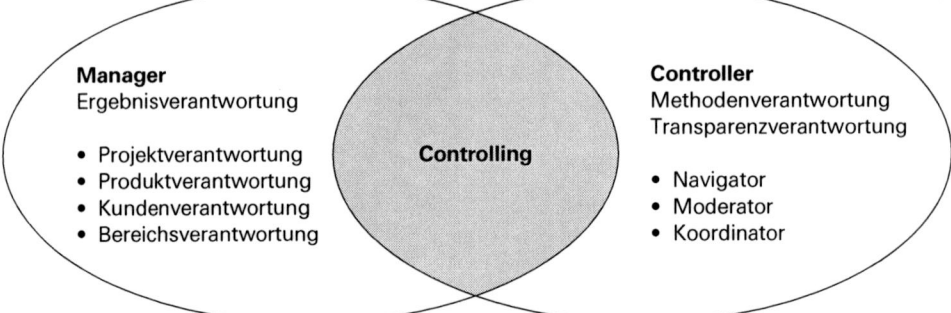

Quelle: In enger Anlehnung an Internationaler Controller Verein e.V. 2007, S. 15.

Weber und Schäffer (1999, S. 208 f.) strukturieren den Führungsprozess idealtypisch (Abbildung 2): Ausgangspunkt ist die Willensbildung, die reflexiv oder intuitiv ablaufen kann. Erfolgt sie reflexiv, so muss dazu ausreichendes, einer analytischen Betrachtung zugängliches Wissen verfügbar sein, das auf Erfahrung oder auf exogenen Informationen basiert. Um den Willen durchzusetzen, muss dieser den ausführenden Stellen übermittelt werden. Dies kann durch *ergebnis-, prozess- oder faktorbezogene Anordnungen* erfolgen. Idealtypischerweise wird der kommunizierte Wille vom operativen System umgesetzt. Diese Ausführung ist allerdings nicht

Teil des Führungssystems, wohl aber die *Kontrolle* der Übereinstimmung zwischen Gewolltem und Erreichtem. Das Ergebnis dieses Soll-/Ist-Vergleichs führt entweder zu einer erneuten Willensbildung (bspw. einer Planrevision) oder fließt erneut in die Willensdurchsetzung ein (bspw. Anordnung konkreter Tätigkeiten, um eine zukünftige Übereinstimmung von Soll und Ist zu erreichen). Willensbildung, -durchsetzung und Kontrolle sind somit eng miteinander vernetzt.

Abbildung 2   **Idealtypischer Führungszyklus**

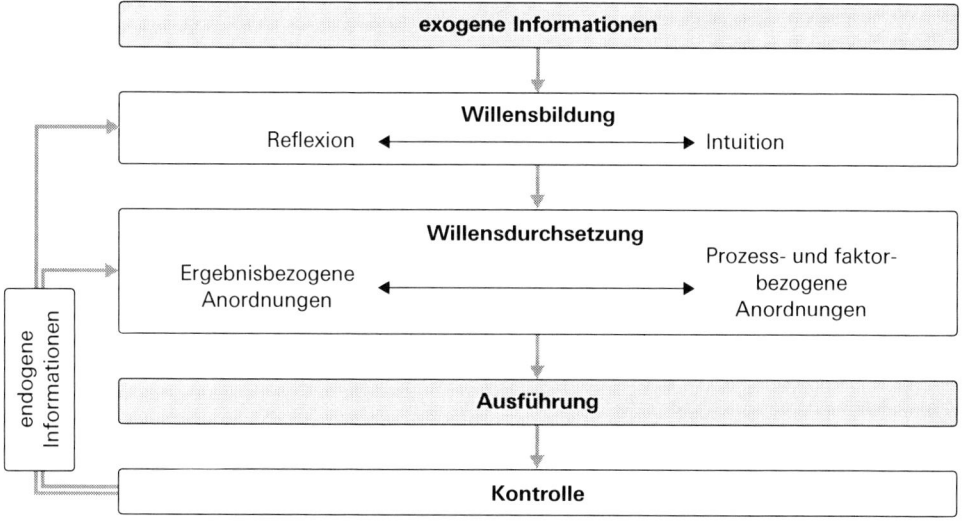

Quelle: Weber/Schäffer 1999, S. 208.

Marketingcontrolling lässt sich somit keineswegs (mehr) mit Rechnungswesen im Marketing gleichsetzen, auch wenn Letzteres eine wesentliche Informationsquelle ist. Die Funktion des Marketingcontrollings besteht darin, die Effektivität (Wirksamkeit) und Effizienz (Wirtschaftlichkeit) einer marktorientierten Unternehmensführung sicherzustellen (Reinecke/Janz 2007, S. 38 f.).

Sicherstellen von Effektivität und Effizienz

Ohne an dieser Stelle ausführlich auf Begriffsdiskussion einzugehen (ausführlich Lasslop 2003, S. 8 ff. und Bonoma/Clark 1988), werden Effektivität und Effizienz nachfolgend wie folgt verstanden (Abbildung 3): *Effektivität* bezeichnet im weiteren Sinne die Wirksamkeit und somit den Output der Leistungserstellung: Werden vorgegebene Ziele erreicht? Effektivität im engeren Sinne definiert den Wirksamkeitsgrad: Liegt die Zielerreichung über einem vorab formulierten Zielniveau? *Effizienz* bezeichnet den Grad der Wirtschaftlichkeit: Eine Maßnahme ist effizient, wenn es zu einem Output/Input-Verhältnis einer Maßnahme keine andere Maßnahme gibt, die ein besseres Verhältnis erzielt (wobei das Verhältnis mindestens 1 betragen muss).

Abbildung 3   Zusammenhang von Effektivität, Effizienz und Erfolg

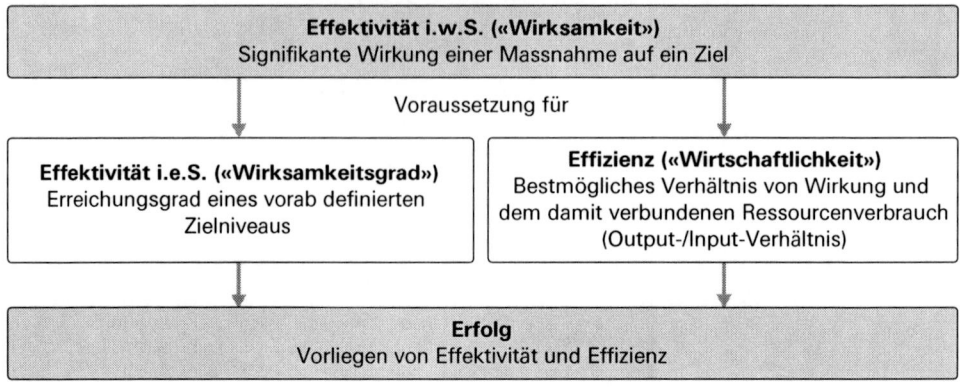

Quelle: Reinecke/Janz 2007, S. 39 in Anlehnung an Lasslop 2003, S. 12.

Diese Definition lehnt sich eng an das Controllingverständnis von Weber und Schäffer (2006) an. Der Ansatz hat starke Gemeinsamkeiten mit dem herrschenden angloamerikanischen Verständnis von Management Control (Anthony/Govindarajan 2003, S. 6). Dabei werden die vier von Weber und Schäffer erarbeiteten «Rationalitätsengpässe» (Weber/Schäffer 1998, S. 22) marketingbezogen reflektiert (Abbildung 4):

Abbildung 4   Sicherung der Rationalität marktorientierter Unternehmensführung

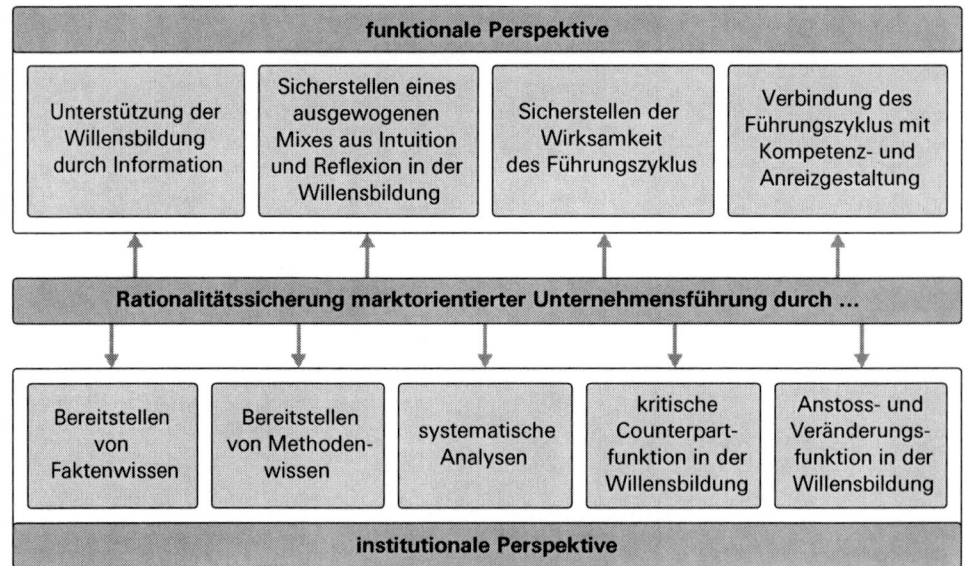

Quelle: Reinecke 2004, S. 56 in Anlehnung an Weber/Schäffer 1998, S. 22.

a) Unterstützen der Willensbildung durch Informationen

Marketing-
accounting
und Markt-
forschung

Das Verbessern des Informationsstands ist eine zentrale und letztlich die ursprüngliche Funktion des Controllings (Horváth 2006, S. 315). In den letzten Jahrzehnten hat sich allerdings der Bereich ausgedehnt, über den informiert werden soll: Standen früher fast ausschließlich Buchhaltung und später die Kostenrechnung im Mittelpunkt, so ist Controlling zunehmend auch für die Versorgung mit Informationen aus der Unternehmensumwelt sowie insbesondere bezüglich Märkten und Kunden zuständig. Auch wenn das Marketingaccounting durchaus noch Defizite aufweist, so liegt der größere Rationalitätsengpass in der *Versorgung mit kunden-, konkurrenz- und marktspezifischen Informationen*.

b) Gewährleisten eines ausgewogenen Verhältnisses von Intuition und Reflexion bei der Willensbildung

Ausgleich von
Kreativität und
Wirtschaft-
lichkeit

Traditionell werden dem Marketing eher Eigenschaften wie Kreativität, Innovation und Intuition zugeschrieben, während Controlling eher für Sachlichkeit, Reflexion und Beharrlichkeit steht. Eine solche Zweiteilung ist aber kritisch zu hinterfragen, weil sie Rollenkonflikte provoziert. Marketingcontrolling sollte Kreativität und Innovationskraft nicht schwächen, sondern vielmehr zu einem vernünftigen Ausgleich zwischen Kreativität und Wirtschaftlichkeit führen (Krulis-Randa 1990, S. 261).

Im Mittelpunkt steht insbesondere die Frage nach dem *richtigen Ausmaß an Marketingplanung*. Planung wird definiert als ein «systematisches, zukunftsbezogenes Durchdenken und Festlegen von Zielen, Maßnahmen, Mitteln und Wegen zur künftigen Zielerreichung» (Wild 1974a, S. 13). Als rationaler Informationsverarbeitungsprozess basiert Planung primär auf Reflexion, bedarf aber je nach vorhandenem Wissen auch der Intuition (Weber/Schäffer 2006, S. 232). Der Planungsprozess im Marketing beruht – zumindest in der Theorie – auf Marketingkonzepten: «Eine Marketing-Konzeption kann aufgefasst werden als ein schlüssiger, ganzheitlicher Handlungsplan (‹Fahrplan›), der sich an angestrebten Zielen (‹Wunschorten›) orientiert, für ihre Realisierung geeignete Strategien (‹Route›) wählt und auf ihrer Grundlage die adäquaten Marketinginstrumente (‹Beförderungsmittel›) festlegt (Becker 2001, S. 5).» Marketingkonzepte sind somit Grundentscheidungsraster (Weinhold-Stünzi 1999, S. 109); sie basieren in der Regel auf einer wohldurchdachten Systematik, die die Reflexion im Rahmen der Willensbildung erhöht.

Marketingcontrolling sollte auch dafür sorgen, dass die Marketingplanung «Luft» für Kreativität lässt, das heißt, dass das reflexive Element nicht die Intuition abtötet. In einigen Situationen ist es auch durchaus rational, *auf Planung zu verzichten*, weil diese beispielsweise zu teuer oder zeitaufwendig (Staehle 1999, S. 540) oder aber aufgrund einer zu großen Marktdynamik nicht angemessen ist.

c) Sicherstellen der Verbindung von Willensbildung, -durchsetzung und Kontrolle

Im Marketing dominieren zur Strategieumsetzung instrumentelle Anordnungen. Marketingstrategien sollen mithilfe der Marketinginstrumente umgesetzt werden; dazu wird der Marketing-Mix – zumeist ausgehend vom Produkt beziehungsweise der Marktleistung – detailliert ausgearbeitet. Solche instrumentellen Anweisungen entsprechen – verbunden mit der dazugehörigen Budgetierung – einer Programmierung; diese führt häufig zu Ineffizienzen und erschweren eine koordinierte Umsetzung und eine integrierte Kontrolle.

Die
Leitfunktion
der Marketingstrategie
sicherstellen

Eine ergebnisorientierte Abstimmung des integrierten Marketing-Mixes – nicht lediglich einzelner Instrumente – ist eine der größten noch weitgehend ungelösten Herausforderungen im Marketing (Kühn 1995, S. 11 ff. und Kuß/Tomczak/Reinecke 2007, S. 257 ff.). Diese Komplexität führt häufig zu einer Verzettelung und Mittelmäßigkeit (Belz 1998, S. 664), die Bonoma mit «global mediocrity» bezeichnet: «when the head office fails to pick one marketing function for special concentration and competence and instead takes satisfaction in doing an adequate job with each [...]. Officials thereby spread resources and administrative talent democratically but ineffectively» (Bonoma 1984, S. 71). Mit anderen Worten: Die Marketingstrategie erfüllt ihre Leitfunktion für das operative Marketing nicht.

Eine Alternative bestünde darin, den Marketing-Mix nicht detailliert zu programmieren, sondern stattdessen die instrumentellen Anweisungen zumindest teilweise durch ergebnisbezogene Vorgaben zu ersetzen, beispielsweise durch operationalisierte Kundenakquisitions- und Kundenbindungsziele (Reinecke 2004). Solche ergebnisbezogenen Anweisungen lösen das Problem der Abstimmung der Marketinginstrumente zwar nicht; sie delegieren es vielmehr auf eine tiefere Ebene, was durchaus effektiver und effizienter sein kann. Kennzahlengestützte Ergebnisvorgaben lassen mehr Raum für situative Lösungen, Intuition und Improvisation als instrumentelle Input- und Prozessvorschriften.

Kontrolle ist
ohne Planung
unmöglich,
Planung ohne
Kontrolle
sinnlos

Zielvorgaben sind allerdings nur sinnvoll, wenn sie auch kontrolliert werden: *Marketingkontrolle* ist ohne Marketingplanung unmöglich, und Marketingplanung ohne Kontrolle sinnlos (Böcker 1988, S. 22). Kontrollen sind der Vergleich eines eingetretenen Ist mit einem vorgegebenen Soll (Weber/Schäffer 2006, S. 232). Kontrollen haben wiederum nur einen Sinn, wenn daraus auch *Konsequenzen* abgeleitet werden können.

Die Grundidee von Marketingkonzepten besteht darin, einen wirksamen Marketingführungsprozess sicherzustellen, das heißt Willensbildung und -durchsetzung aufeinander abzustimmen. Allerdings finden sich nur wenige Hinweise (z.B. Belz 1998, S. 566 ff.), wie dies zu geschehen hat und wie Umsetzungsprobleme zu lösen sind (Ames 1968, S. 100 ff., Day 1999).

d) Verbinden des Führungszyklus mit der Kompetenz- und Anreizgestaltung

Wird Marketing als marktorientierte Unternehmensführung verstanden, so kommt ihm eine Querschnittsfunktion zu. Somit ist eine Koordination sowohl innerhalb des Marketings als auch eine Abstimmung mit der Gesamtunternehmensführung erforderlich.

Koordination innerhalb des Marketings

Um Führung und Ausführung *innerhalb des Marketings* aufeinander abzustimmen, müssen personelle und organisatorische Voraussetzungen geschaffen werden. Bezüglich der Personalführung muss sich das Marketingcontrolling zwei Herausforderungen widmen: Erstens sind die Anforderungen einer marktorientierten Unternehmensführung in das Personalführungssystem zu übersetzen. Personalselektion und -entwicklung tragen entscheidend dazu bei, dass *die erforderliche Managementqualität* sichergestellt wird (hierzu Müller-Stewens/Fontin 1998). Zweitens sind die *Ziel- und Anreizsysteme* in den Bereichen Marketing und Verkauf zu gestalten. Erfolgsorientierte Entgeltsysteme sind bezüglich ihrer Wirksamkeit umstritten (ausführlich Armstrong 1993, S. 75 ff.). Ohne Zweifel ist es daher eine große Herausforderung, ein angemessenes System aufzustellen, das tatsächlich eine motivierende Wirkung entfaltet, ohne dysfunktionale Nebeneffekte auszulösen (Armstrong 1993, S. 79 ff.). Eine weitere Aufgabe im Rahmen des Marketingcontrollings besteht darin, die *Effektivität und Effizienz der Marketingaufbau- und -ablauforganisation* sicherzustellen (bspw. zwischen Verkauf und Marketing, Marktforschung und Werbeabteilung) (Becker 2001, S. 839 ff. und Kuß/Tomczak/Reinecke 2007, S. 290 ff.).

Funktionsübergreifende Koordination

Eine klassische Aufgabe des Marketingcontrollings besteht in der *funktionsübergreifenden* Koordination. Dabei ist sicherzustellen, dass einerseits Marketing- und Unternehmensplanung und andererseits Marketingcontrolling und allgemeines Controlling aufeinander abgestimmt sind (Beispiele: Shareholder-Value-Orientierung aller Funktionen, Balanced Scorecard).

2 Entwicklungslinien des Marketingcontrollings

Für das Marketingcontrolling lassen sich *fünf zentrale Entwicklungslinien und Trends* erkennen (Reinecke 2004, S. 48, basierend auf Gleich 2001, S. 11 und Müller-Stewens 1998, S. 37), die auch zeigen, dass sich die Rationalitätsdefizite und somit die Schwerpunkte im Verlauf der letzten Jahre verschoben haben (siehe Abbildung 5):

Von der Abweichung zur Verbesserung

- *Steuerungsziel:* Die buchhalterische Registrierung von Abweichungen (Ex-Post-Kontrolle) nimmt im Marketingcontrolling relativ an Bedeutung ab zugunsten einer eher managementorientierten Ausrichtung auf Verbesserung im Sinne eines Regelkreises, der Lernprozesse fördert. Das heißt jedoch keinesfalls, dass dem Marketingaccounting eine nachgeordnete Priorität zukäme. In zahlreichen Unternehmen bestehen diesbezüglich noch große Rationalitätsdefizite (Stichworte: fehlende Kundendeckungsbeitragsrechnungen, Umsatz- statt Profitabilitätsorientierung), auch wenn die meisten Unternehmen aufgrund betriebswirtschaftlicher Standardsoftware inzwischen in der Regel über eine akzeptable Grundlage verfügen. Dennoch fehlt nicht selten eine Basis für eine umfassende Kontrolle, weil das Marketingmanagement keine klar operationalisierten Ziele definiert hat. Eine Abweichungsregistrierung ist somit Voraussetzung für eine kritische Analyse, um mittels einer Ursachenanalyse Lernprozesse initiieren zu können.

Monetäre und nichtmonetäre Ausrichtung

- *Ausrichtung & Format:* Verstand man unter Marketingcontrolling in den achtziger Jahren primär das monetär innengerichtete Marketingaccounting, so bezieht das Marketingcontrolling inzwischen stärker externe Ausrichtungen auf den Markt und nichtmonetäre Größen ein (Stichworte: Messung und Tracking von Kundeneinstellungen, -zufriedenheit und Markenstärke). Diesbezüglich liegt ein Engpass häufig in institutionalisierten Controllingabteilungen: «Traditionelle» Controller verfügen in der Regel nicht über die erforderliche Marketing- und Marktforschungsausbildung, um solche für das Marketingmanagement zentralen Konstrukte zu messen und zu interpretieren. Da auch in manchen Fachabteilungen diesbezüglich ein Know-how-Engpass besteht, wird in diesem Bereich häufig auf externe Anbieter wie Marktforschungs- und Beratungsunternehmen ausgewichen.

Von der Frühwarnung zur Früherkennung

- *Zeit*: Das Marketingcontrolling hat sich von einer kennzahlengestützten Frühwarnung über die Früherkennung von (Markt-)Potenzialen hin zu einer rationalitätsunterstützenden, handlungsbezogenen Frühaufklärung entwickelt (Krystek/Müller-Stewens 1993, S. 21 und Kühn/Fasnacht 2001). Somit stehen im Marketingcontrolling zunehmend nicht einzelne, auf Bedrohungen hinweisende Kenngrößen im Mittelpunkt, sondern vielmehr die umfassende Interpretation eines an die Strategie anzupassenden Mixes relevanter Kenngrößen. Des Weiteren darf sich das Marketingcontrolling nicht nur auf Kennzahlen fokussieren, weil diese sich immer nur auf vorher klar definierte Realitätsausschnitte beziehen können. Ein vorausschauendes Marketingcontrolling muss somit auch nicht kennzahlengestützte Informationen bereitstellen, um beispielsweise Trends und Potenziale rechtzeitig zu erkennen. Die Interpretation von Daten und das Herauskristallisieren von marktorientierten Handlungsempfehlungen gehören zu den Hauptaufgaben des Marketingcontrollings.

Berücksichtigung des Zeitwerts des Geldes

- *Verfahren:* Standen früher primär statische Deckungsbeitragsrechnungen im Mittelpunkt des Marketingcontrollings, so kommen inzwischen zahlreiche dynamische Verfahren zum Einsatz, beispielsweise zur Ermittlung zukunftsbezogener finanzieller Kunden- und Markenwerte. Dynamische Verfahren berücksichtigen den Zeitwert des Geldes und entsprechen damit stärker den Anforderungen, die insbesondere an börsennotierte Aktiengesellschaften vonseiten der Kapitalmärkte gestellt werden.

Differenzierte Zielorientierung statt reine Umsatzausrichtung

- *Dimension:* Aufgrund der damals dominierenden Zuschlagskalkulation im Rahmen der Preisgestaltung konnte sich das Marketingaccounting früher der Einfachheit halber auf die Zielgröße Umsatz fokussieren, weil Umsatz und Deckungsbeitrag in einem solchen Fall miteinander einhergehen. Ein modernes Marketingcontrolling muss allerdings ein umfassenderes Zielsystem berücksichtigen: Zum einen stellen moderne, differenzierte Preisgestaltungsansätze die Korrelation von Umsatz und Deckungsbeitrag in Frage (Stichworte: nutzenorientierte Preisgestaltung und Preisdifferenzierung). Umsatz ist eine Wachstumsgröße und bedeutet somit nicht automatisch auch Profitabilität. Zum anderen ist Umsatz als Zielgröße häufig zu undifferenziert. Beispielsweise misst die Kennzahl «Umsatz je Außendienstmitarbeiter» keineswegs primär die Wirksamkeit des Einsatzes von Außendienstmitarbeitern; dies wäre nur der Fall, wenn auch die Marktpotenziale der Gebiete sowie alle weiteren Einflussfaktoren identisch wären, was in der Regel nicht realistisch ist (Krafft/Frenzen 2006, S. 624 ff.). Ferner lässt sich beispielsweise eine Kinowerbekampagne kaum mit vertretbarem wirtschaftlichem Aufwand hinsichtlich ihrer Umsatzwirkung beurteilen. Daher ist es erforderlich, dass Marketingplanung und -controlling wesentlich differenziertere Ziele beziehungsweise Ereignisse definieren, die eine ursachenadäquate und präzisere Messung von Wirksamkeit und Wirtschaftlichkeit von Marketingmaßnahmen erlauben. Der Umsatz ist dabei eine von vielen zu berücksichtigen Größen, genießt jedoch keine Vorrangstellung.

Abbildung 5   Marketingcontrolling – zentrale Entwicklungen und Trends

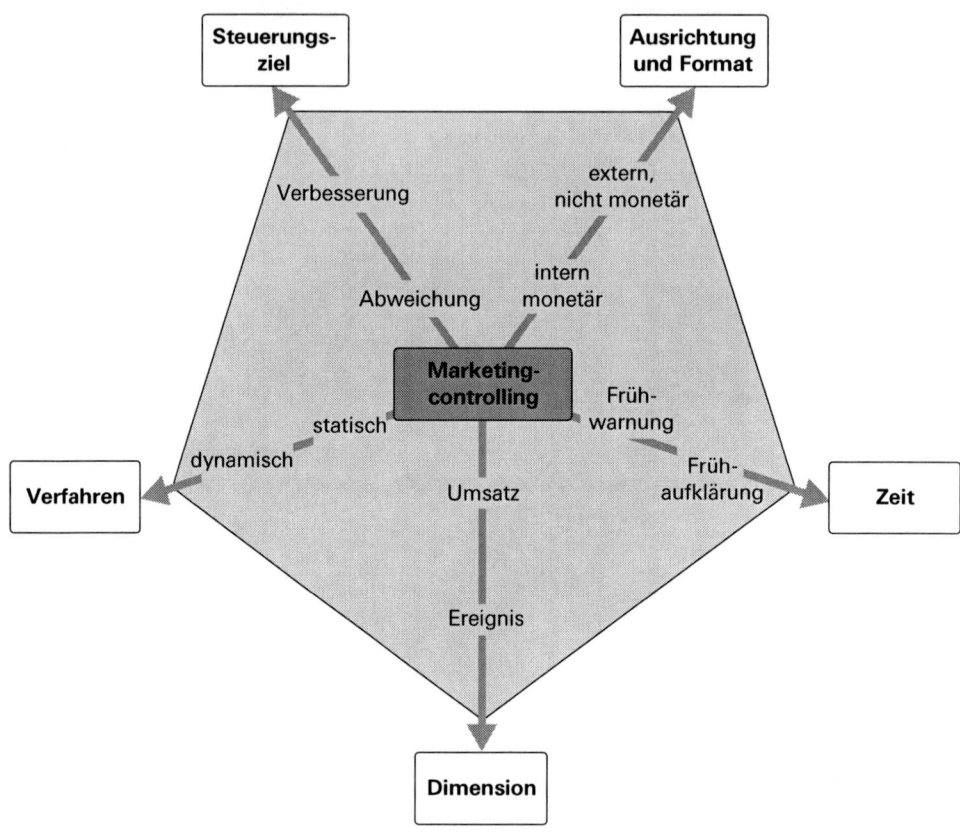

Quelle: Reinecke 2004, S. 48, dort in Anlehnung an Gleich 2001 und Müller-Stewens 1998.

3   Aufgaben des Marketingcontrollings im Überblick

Nachfolgend werden die Aufgaben beziehungsweise Funktionen des Marketingcontrollings systematisch im Überblick dargelegt, wobei auf Anschlussfähigkeit und Kompatibilität mit bisherigen Ansätzen des Marketingcontrollings geachtet wird (ausführlich Reinecke/Janz 2007). Marketingcontrolling wird dabei wie vorgängig ausführlich erläutert als Sicherstellen von Effektivität und Effizienz einer marktorientierten Unternehmensführung und somit als «Qualitätssicherung» des Marketingmanagements verstanden.

Das Marketingcontrolling nimmt folgende Aufgaben wahr:

Abbildung 6   Aufgaben des Marketingcontrollings

Quelle: Reinecke/Janz 2007, S. 51, aufbauend auf Köhler 2006 und Weber 2002.

a)   Problembezogene Informationsversorgung

Hierunter fallen die problemspezifische Informationsbündelung und -abstimmung, insbesondere aus dem Rechnungswesen (Deckungsbeitragsrechnungen, Target Costing, Prozesskostenrechnung) und der Marktforschung. Marktforschung wird dabei als Funktion verstanden, die den Konsumenten, Kunden und die Öffentlichkeit durch Informationen mit dem Anbieter verbindet (Kuß 2007, S. 2). Im Informationszeitalter steht dabei das rechtzeitige Erkennen von Technologie- und Marktentwicklungen im Mittelpunkt. Aus managementbezogener Sicht sollte der Schwerpunkt insbesondere auf einer interpretierenden Diagnose dieser Informationen, weniger auf einer reinen Analyse liegen. Zentral ist die benutzer- und stellenadäquate bestmögliche Abstimmung von instrumentendominiertem Informationsangebot, problemdominiertem Informationsbedarf und verhaltensdominierter Informationsnachfrage (Berthel 1975, S. 30 und Weber/Schäffer 2006, S. 82). Ziel ist es somit, einen *entscheidungsadä*-

quaten Informationsstand sicherzustellen, der es erlaubt, effektiv und effizient zu handeln (siehe Abbildung 7).

Abbildung 7 **Informationsstand als Ergebnis von Informationsangebot, -bedarf und -nachfrage**

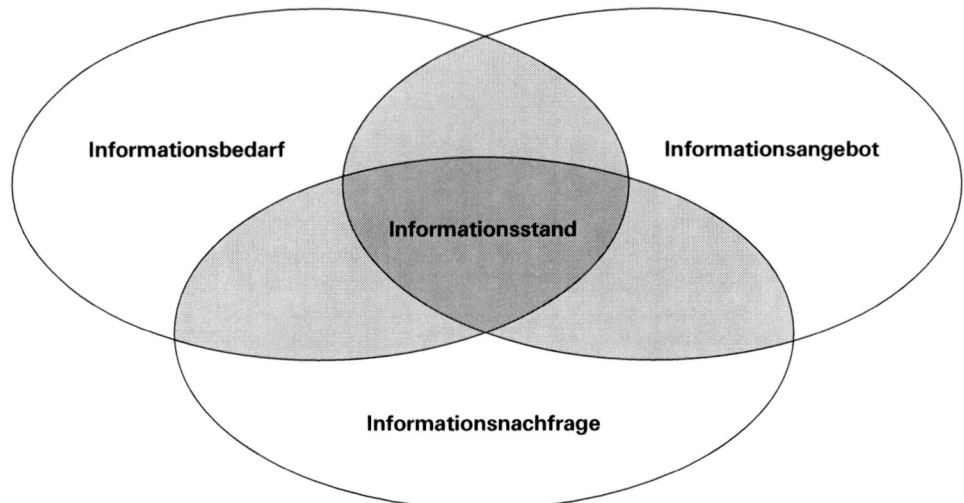

Quelle: Reinecke/Janz 2007, S. 52 in Anlehnung an Berthel 1975, S. 30.

Marketingcontrolling muss somit auf die *spezifischen Problemsichten der jeweiligen Organisationseinheiten* eingehen, beispielsweise von Produkt-, Kunden(segments)-, Kommunikations- und Distributionskanalmanagement sowie die Schnittstellen zwischen diesen Einheiten koordinieren. Sowohl die Art der Information (bspw. monetär oder nichtmonetär, aber auch Bezugsobjekte, Priorisierung und Selektion von Marketingkennzahlen) als auch deren Granularität und Differenziertheit sind den Bedürfnissen der jeweilige Organisationseinheit anzupassen.

b) Unterstützung der strategischen und operativen Marketingplanung bezüglich Willensbildung und -durchsetzung

Zu dieser Aufgabe zählt insbesondere die Unterstützung bei der Generierung von Entscheidungsmöglichkeiten. Das fehlende Denken in alternativen Marketingstrategien und -umsetzungsmaßnahmen ist in der betriebswirtschaftlichen Praxis in zahlreichen Marketingkonzepten ein zentraler Rationalitätsengpass, den das Marketingcontrolling offenlegen und zu überwinden helfen sollte. Auch das Bewerten und kritische Hinterfragen der Entscheidungsoptionen im Sinne einer *«contre rôle»* gehört hierzu – sowohl hinsichtlich der finanz- und realwirtschaftlichen Konsequenzen als auch hinsichtlich ihrer Mach- und Durchsetzbarkeit.

Zum *Planungsmanagement* (Weber/Schäffer 2006, S. 250 ff.) gehören die Gestaltung des strategischen und operativen Marketingplanungssystems, insbesondere der *Marketingbudgetierung* (Reinecke/Fuchs 2003). Das

Marketingcontrolling unterstützt das Marketingmanagement methodisch und instrumentell, beispielsweise bei der Auswahl von Markt- und Kundensegmenten sowie bei der Gestaltung von *Anreizsystemen* für Verkauf und Distribution. Ferner übernimmt es die Verantwortung für einige Aufgaben, um Marketingstrategie, -ziele und operative Marketingmaßnahmen aufeinander abzustimmen und eine Umsetzung zu gewährleisten. Dazu zählt insbesondere auch die *Gestaltung der Schnittstellen* und Wechselbeziehungen des Marketing zu den anderen Funktionsbereichen, zumal die gesamte Unternehmensplanung im Regelfall auf einer Absatzplanung beruht.

c) Marketingüberwachung: Durchführung von Marketingkontrollen und -audits

Feed-back- und Feed-forward- Kontrollen

Köhler (2006) fasst *Kontrollen* und *Audits* unter dem Begriff der *Überwachung* zusammen. Kontrollen sind rückblickende Soll-Ist-Vergleiche (ausführlich Schäffer 2001); sie schließen den Regelkreis des Willensbildungs- und Willensdurchsetzungsprozesses und sind somit ein wichtiger Bestandteil des Marketingcontrollings. Häufig erfolgen solche Beurteilungen allerdings ex post, ohne dass vorgängig bestimmte Sollvorgaben festgelegt worden sind. In diesen Fällen sollte lediglich von Ergebnisanalysen, nicht von -kontrollen die Rede sein (Köhler 1992, Sp. 1272).

Ziele der Kontrolle sind – neben der reinen Dokumentation – die Erkenntnisgewinnung und die Verhaltensbeeinflussung; Kontrolle ist entweder darauf gerichtet, die Erreichung eines Ist-Werts sicherzustellen (Feedback-Kontrolle) oder darauf, Anpassungen des (strategischen) Sollwerts anzustoßen (Feed-forward-Kontrolle) (Weber/Schäffer 2006, S. 233). Kontrolle verfolgt somit nicht nur das Ziel, Abweichungen zwischen Antizipation und Realisation zu ermitteln, sondern strebt auch danach, diese Abweichungen in Verbindung mit nachfolgenden Führungshandlungen zu verbinden (Schäffer 2001, S. 51).

Klassischerweise wird zwischen operativen und strategischen Marketingkontrollen differenziert. *Operative Marketingkontrollen* betreffen insbesondere die Kontrolle der Absatzsegmente, der Marketingorganisationseinheiten, der einzelnen Marketinginstrumente sowie des Gesamtmixes (Köhler 1992, Sp. 1272). *Strategische Marketingkontrollen* umfassen in Anlehnung an Schreyögg und Steinmann (Schreyögg/Steinmann 1985) die Durchführungskontrolle («Wird die Marketingstrategie auch richtig umgesetzt?»), eine Prämissenkontrolle (Überprüfung der der Marketingstrategie zugrundeliegenden Annahmen) sowie eine ungerichtete strategische Überwachung.

Marketingaudit

Audits sind Ausprägungen einer eher *zukunftsorientierten Überwachung mit Feed-forward-Charakter*, die sich mit den Voraussetzungen für die künftige Nutzung von Erfolgspotenzialen beschäftigen. In Anlehnung an Kotler/Keller (2006, S. 719) kann ein Marketingaudit definiert werden als eine umfassende, systematische, nicht weisungsgebundene, periodische

Untersuchung von Marketingumwelt, -zielen, -strategien sowie von Marketingprozessen, -organisation und -maßnahmen einer strategischen Geschäftseinheit. Es kann als umfassender, handlungsorientierter «*Marketing Health Check*» interpretiert werden, das dazu dient, Herausforderungen und Chancen aufzudecken sowie einen Maßnahmenplan zur Verbesserung der Marketingleistung aufzustellen. Köhler (2006, S. 44 f.) unterscheidet im Marketing zwischen Verfahrens-, Strategien-, Marketing-Mix- und Organisationsaudits.

In der Marketingrealität wird aus unterschiedlichen Gründen häufig auf Marketingkontrollen verzichtet (Abbildung 8), trotz ihrer in der Wissenschaft unbestrittenen Bedeutung (Day/Montgomery 1999, S. 10), denn Kontrollen schließen den Regelkreis der Planung.

Abbildung 8 **Gründe für den Verzicht auf Marketingkontrollen**

1. Die Geschäftsleitung mißt Marketing und Verkauf keinen besonderen Stellenwert bei und fokussiert sich daher auf die Kontrolle finanzwirtschaftlicher Kenngrößen.
2. Kontrollen erscheinen ineffizient, weil bisher zwischen Marketingausgaben und Gewinnen kaum ein Zusammenhang festgestellt werden konnte.
3. Marketing ist zukunfts-, Kontrollen sind dagegen vergangenheitsorientiert.
4. Negative Kontrollergebnisse könnten die Budgethöhe gefährden.
5. Marketingkontrollen sind nicht mit der Auffassung eines «Primats des Absatzes» und damit dem Selbstverständnis von Marketingführungskräften vereinbar.
6. Die Umweltdynamik führt dazu, dass die Planungsannahmen meist überholt sind.
7. Der Aufbau differenzierter Mess- und Kennzahlensysteme dauert zu lange.

Quelle: Reinecke 2004, S. 64 in Anlehnung an Ambler 1998, S. 25.

Eine wichtige Funktion des Marketingcontrollings besteht darin zu entscheiden, wann *welche Form der Kontrolle* zu wählen ist. Da die Zielerreichung und somit die Effektivität im Vordergrund stehen, sind im Marketing in der Regel Ergebniskontrollen vorzuziehen, um dadurch die Probleme einer «Marketingprogrammierung» zu vermeiden. *Prozess-* oder gar *Inputkontrollen* sollten subsidiär im Rahmen umfassenderer Marketingaudits sowie in Situationen erfolgen, in denen quantifizierte Zielvorgaben nicht sinnvoll oder möglich erscheinen.

d) Führungsübergreifende Koordinationsfunktion

Bei der Koordinationsfunktion des Marketingcontrollings geht es im Folgenden – im Unterschied zu Horváth (2006) und Köhler (2006) – um jene führungsübergreifenden Koordinationsaufgaben, die in der Praxis zumeist aus konkreten Anlässen heraus auftreten. In der Regel sind *Tätigkeiten abseits des Marketingroutinegeschäfts* betroffen (analog Weber 2002, S. 404). Hierzu gehören beispielsweise die Beratung und Unterstützung bei umfassenden Projekten wie der Einführung von Marketingkennzahlensystemen, der Gesamtausrichtung des Marketings auf eine wertorientierte Unternehmensführung, der Neugestaltung von Markenauftritt und -portfolio nach einer Unternehmensübernahme oder aber der Einführung eines Wissensmanagements im Bereich Marketing und Verkauf. Des Weiteren zählen das *Controlling spezifischer Marketing- und Verkaufsprojekte* sowie insbesondere von *Marketingkooperation* mit anderen Unternehmen dazu.

Beratungs- und
Coaching-
funktion

Die geschilderten Koordinationsaufgaben weisen in der Regel nicht nur Projektcharakter auf, sondern erfordern häufig ein explizites *Veränderungsmanagement* (Weber 2002, S. 390). Marketingcontrolling erfüllt diesbezüglich insbesondere Beratungs-, «Contre Rôle» – und Coachingaufgaben.

4   Instrumente des Marketingcontrollings im Überblick

Instrumente des Marketingcontrollings sind solche Methoden und Verfahren, die mit dem Ziel eingesetzt werden, die Effektivität und Effizienz einer marktorientierten Unternehmensführung sicherzustellen; Methoden und Verfahren sind daher aber nicht von Natur aus Controllinginstrumente, sondern aufgrund ihrer Nutzung (Schäffer/Weber 2004, S. 464).

Abbildung 9   **Ausgewählte Methoden und Instrumente des Marketingcontrollings**

Unterstützung der strategischen Marketingplanung & strategische Überwachung	Unterstützung der operativen Marketingplanung & operativen Marketingkontrolle	Führungsübergreifende Koordinationsaufgaben

• Frühwarn-/-erkennungs-/-aufklärungssysteme
• Branchenstrukturanalysen
• Stärken-/Schwächenprofile, Benchmarking
• Portfolios (zum Beispiel bzgl. Geschäftsfeldern, Kunden, Innovationen, Marken, Sortiment)
• Segmentierungs-, Image- und Positionierungsstudien
• Kunden- & Markenwertberechnungen, Markenstärkeanalysen
• Investitionsrechnungen
• Langfristige Budgetierung
• Audit-Methoden/-Checklisten
• Kontrolle der Marketingkernaufgaben (Kundenakquisition & -bindung, Leistungsinnovation & -pflege)
	• Versorgung der Marketing- und Verkaufsorganisationseinheiten mit Informationen u.a. aus Marktforschung, Außendienstberichten, Absatzstatistik und Rechnungswesen (z.B. Kundenzufriedenheitsstudien, Deckungsbeitragsrechnungen)
	• Informationen zur Planung und Abstimmung des Marketing-Mixes
	• Kurzfristige Budgetierung
	• Kontrolle des Marketing-Mixes:
	  • Marktleistungsgestaltung
	  • Preisgestaltung
	  • Kommunikation/ Marktbearbeitung
	  • Distribution
	• Ergebnis- und Abweichungsanalysen
	• Beschwerdeanalysen
		• Gestaltung von Kennzahlensystemen für Marketing und Verkauf
		• Gestaltung von Anreiz- und Provisionssystemen
		• Target Costing
		• Analyse, Planung und Kontrolle von Marketing- und Verkaufsprojekten (z.B. Überarbeitung des Markenportfolios)
		• Analyse, Planung und Überwachung von Marketing- und Verkaufskooperationen
		• Wissensmanagement in Marketing und Verkauf (z.B. Moderation von Erfahrungsaustausch, Datenbank mit Lernerfahrungen)

Quelle: Reinecke/Janz 2007, S. 56, aufbauend auf Köhler 2006.

Die dargestellten Aufgaben des Marketingcontrollings lassen sich mithilfe einer Vielzahl von Instrumenten und Methoden erfüllen. In Abbildung 9 werden ausgewählte Beispiele präsentiert. Zahlreiche Instrumente können *gleichzeitig für Informationsversorgung, Planung und Kontrolle des Marketing* eingesetzt werden, weshalb diese in der Abbildung zusammengefasst wurden. So liefern beispielsweise Positionierungsstudien einerseits Marktinformationen zum Status Quo der eigenen Positionierung, zum anderen unterstützen sie deren Planung, indem sie beispielsweise helfen, folgende Frage zu beantworten: Welche relevanten Bedürfnisse werden derzeit noch nicht gezielt mit spezifischen Angeboten befriedigt? Des Weiteren können diese Studien auch als Kontroll- und Auditinstrument verwendet werden, um zu überprüfen, ob die Ist-Positionierung der angestrebten Soll-Positionierung entspricht.

Auch die Zuordnung der Instrumente zu *strategischen und operativen Marketingaufgaben* ist keineswegs deterministisch. So weisen beispielsweise Sortimentsanalysen in High-Tech-Business-to-Business-Märkten oder in der Pharmabranche in der Regel strategisch-langfristigen Charakter auf, während sie im Lebensmitteldetailhandel durchaus auch im operativen Tagesgeschäft ihre Bedeutung haben. Ob ein Instrument als strategisch einzustufen ist, hängt davon ab, inwieweit dieses geeignet ist, aus Kundensicht die langfristige Ausrichtung von unternehmerischen Potenzialen im Verhältnis zur Konkurrenz maßgeblich zu beeinflussen. Instrumente, die die kurzfristigen, routinemäßigen Tätigkeiten unterstützen wie beispielsweise die jährliche Budgetierung, werden der operativen Ebene zugeordnet. In der Marketingliteratur wird auch der Marketing-Mix schwergewichtig dieser Ebene zugeordnet, auch wenn jedes Marketinginstrument letztlich immer strategische und operative Elemente beeinflusst. So schließt beispielsweise ein umfassendes Preiscontrolling sowohl die strategische Überwachung des Preisimages als auch die operative Kontrolle der Preisdurchsetzung im Markt ein.

4 Instrumente des Marketingcontrollings im Überblick

Teil B   Ausgewählte Gebiete des Marketingcontrollings

Im Rahmen dieser Publikation ist es nicht möglich, alle Teilgebiete des Marketingcontrollings umfassend darzustellen – hierfür sei auf ausführliche Standardwerke verwiesen (Reinecke/Janz 2007, Reinecke/Tomczak 2006 sowie Ambler 2003).

Nachfolgend werden allerdings folgende fünf Aspekte etwas ausführlicher behandelt:

1. *Marketingbudgetierung:* Die Fragen nach der Höhe und der Verteilung des Marketingbudgets sowie nach dem Budgetierungsprozess werden in der Praxis intensiv diskutiert. Daher wird ein kurzer Überblick über die verschiedenen Verfahren und Methoden in diesem Bereich gegeben.

2. *Marketingaudit:* Unternehmen, die ein Marketingcontrolling einführen wollen, starten häufig unter externer Begleitung mit einem sogenannten Marketingaudit. Ein solcher Health Check des Marketingzustands kann äußerst sinnvoll sein, ist jedoch auch anspruchsvoll.

3. *Marketing als Treiber des Shareholder-Value:* Erwerbswirtschaftliche Unternehmen, insbesondere börsennotierte Firmen, richten sich zunehmend auf die Steigerung des Unternehmenswerts aus. Aus diesem Grund soll aufgezeigt werden, wie es gelingt, Marketing als Treiber des Unternehmenswerts zu konzeptionalisieren.

4. *Strategisches Kundencontrolling:* Um Effektivität und Effizienz von Marketingmaßnahmen richtig beurteilen zu können, ist es erforderlich, den (potenziellen) Kundenstamm zu analysieren und Kunden auch wertorientiert zu priorisieren. Daher werden bewährte Methoden zum Erkennen und Bewerten von Kundenerfolgspotenzialen erläutert.

5. *Marketingkennzahlensysteme:* Kennzahlen sind die Schnittstelle zwischen Planung und Controlling und somit essenziell für das Marketingcontrolling. In der vorliegenden Publikation werden zentrale Grundprinzipien für die Entwicklung und den Einsatz sogenannter Marketingcockpits dargestellt.

5   Marketingbudgetierung

Marketing-
budgets sind
quantitative,
formalzielori-
entierte Pläne

Ursprünglich im staatlichen Haushaltswesen entstanden, ist die Budgetie-
rung ein weit verbreitetes Managementinstrument zur Steuerung von
Organisationseinheiten mittels periodischer Input- und Outputvorgaben in
Form von Budgets (Steinmann/Schreyögg 2005, S. 392). Daher kommt der
Budgetierung traditionell auch für die Planung und das Management von
Marketingmaßnahmen eine zentrale Bedeutung zu (Barzen 1990, S. 2).
Budgetierung und Planung hängen eng miteinander zusammenhängen,
wobei sich Budgets insbesondere durch ihren formalzielorientierten Vor-
gabecharakter von allgemeinen Plänen unterscheiden (Horváth 2006,
S. 230). Ein *Marketingbudget* wird verstanden als ein formalzielorientier-
ter, in monetären beziehungsweise quantitativen Größen formulierter
Plan, der einer Marketingorganisationseinheit für eine bestimmte zeitliche
Dauer mit einem bestimmten Verbindlichkeitsgrad vorgegeben wird (Wild
1974b und Horváth 2006 S. 213).

Die *Marketingbudgetierung* als Teil der Unternehmensbudgetierung (Kiener 1980, S. 144 ff.) ist jener Prozess, der die Erstellung, Verabschiedung,
Kontrolle und Abweichungsanalyse von Marketingbudgets umfasst (Stein-
mann/Schreyögg 2005, S. 393).

5.1   Funktionen und Arten von Budgets

Der Budgetierung werden in Wissenschaft und Praxis diverse Funktionen
zugeschrieben (Hansen/van der Stede 2004, S. 418 ff.). Nach Stein-
mann/Schreyögg (2005, S. 393) lassen sich vier wesentliche *Budgetfunkti-
onen* unterscheiden:

Budgetfunk-
tionen

1. *Orientierungsfunktion:* Verpflichtung der budgetierten Organisationseinheiten auf bestimmte Ziele und Verdeutlichung ihrer Ergebnisver-
   antwortung
2. *Koordinations- und Integrationsfunktion:* Koordination und Integration
   sämtlicher Unternehmensbereiche durch horizontale und vertikale
   Budgetabstimmung zur zielgerichteten Allokation knapper Unternehmensressourcen
3. *Kontrollfunktion:* Nutzung der quantitativen Budgetvorgaben als Maß-
   stab zur Leistungsmessung und damit zur Kontrolle und Überwachung, in deren Rahmen auch Abweichungsursachen mittels Abwei-
   chungsanalysen zu erforschen sind
4. *Motivationsfunktion:* Förderung der Motivation der budgetierten Organisationseinheiten, vor allem durch deren Beteiligung bei der Budget-
   festlegung sowie durch Gewährung von Handlungsspielräumen

Abbildung 10 zeigt die wesentlichen Unterscheidungsmerkmale von Marketingbudgets (siehe auch Wild 1974b, S. 330 f. und Horváth 2006, S. 215).

Abbildung 10   Unterscheidungsmerkmale von Marketingbudgetierungsformen

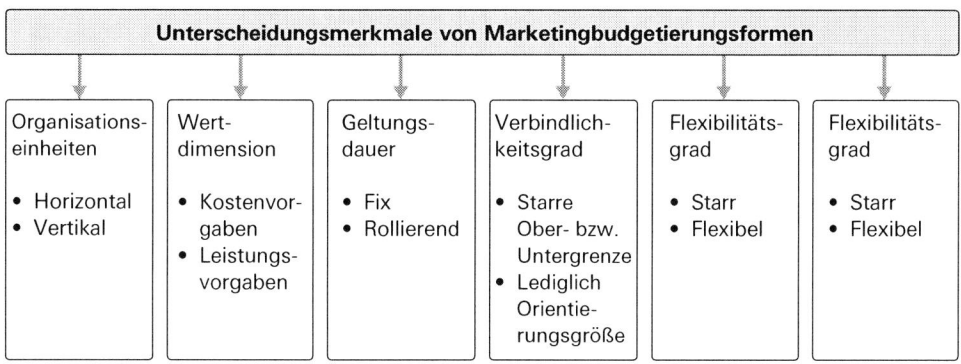

Quelle: Reinecke/Janz 2007, S. 128.

5.2   Prozess der Marketingbudgetierung

Bezüglich des Prozesses der Marketingbudgetierung können prinzipiell drei klassische Ansätze differenziert werden (Becker 2001, S. 769; Weber/Schäffer 2006, S. 265 ff.):

Top-down- vs. Bottom-up- Ansatz

Beim *Top-down-Ansatz* wird das Marketingbudget hierarchisch nachgelagerten Organisationseinheiten (bspw. Produktmanagement) durch das Top-Management vorgegeben. Dieser Ansatz ist strategiegerecht und vermeidet zeitintensive Abstimmungsprozesse; allerdings kann die mangelnde Beteiligung der budgetierten Organisationseinheiten zu Akzeptanzproblemen hinsichtlich der Budgetvorgaben führen.

Beim *Bottom-up-Ansatz* verläuft die Marketingbudgetierung von unten nach oben, wobei die hierarchisch untergeordneten Organisationseinheiten Budgetvorschläge gemäß ihren Zielen und Plänen erarbeiten und diese dann mit dem Top-Management abstimmen. Vorteilhaft erscheinen dabei insbesondere die Nutzung des Markt- und Kundenwissens sowie die erhöhte Motivation der budgetierten Einheiten durch deren Beteiligung an der Budgetierung. Von Nachteil sind die Gefahren eines hohen Koordinationsbedarfs sowie eines opportunistischen Verhaltens der budgetierten Organisationseinheiten durch zu hohe Kostenbudget- und zu niedrige Leistungsbudgetforderungen.

Gegenstrom- verfahren

Im Rahmen des *Gegenstromverfahrens* werden Top-down- und Bottom-up-Ansatz miteinander kombiniert, wobei die Eröffnung top-down oder bottom-up erfolgen kann.

5.3 Ansätze und Methoden der Marketingbudgetierung

Den ökonomischen Kern der Marketingbudgetierung bildet die *Ressourcenallokationsaufgabe*, die auf der Knappheit der verfügbaren Unternehmensressourcen basiert und auf die *Festlegung der Höhe* des Marketingbudgets sowie auf dessen *Verteilung* in sachlicher und zeitlicher Hinsicht fokussiert (Mantrala 2002, S. 409 f.). Dabei lassen sich grundsätzlich analytische sowie heuristische Ansätze und Methoden unterscheiden (Abbildung 11; siehe auch Bruhn 2008, S. 214).

Abbildung 11   Ansätze und Methoden der Marketingbudgetierung

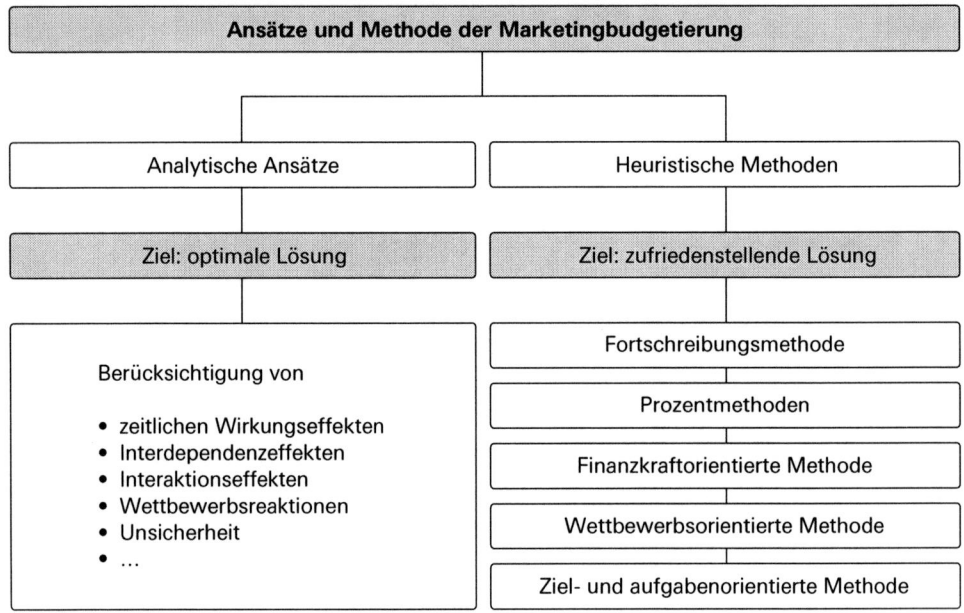

Quelle: Reinecke/Janz 2007, S. 131.

Analytische Marketingbudgetierungsansätze

Bei *analytischen* Marketingbudgetierungsansätzen wird zunächst die *Reaktionsfunktion* einer Marketingoutputgröße (gewöhnlich Umsatz, Absatz, Deckungsbeitrag oder Marktanteil) in Abhängigkeit von den Marketinginputgrößen (in der Regel Marketingkostenbudgets oder Marketinginstrumente) entweder mithilfe von ökonometrischen Modellen, Experimenten oder subjektiven Schätzungen ermittelt, um dann auf dieser Basis mithilfe eines meist problemspezifischen Algorithmus die optimale Allokation zu bestimmen (Albers 1998, S. 211 f. und Mantrala 2002, S. 411).

Obwohl einige erfolgreiche Anwendungen dieser Vorgehensweise berichtet werden (Doyle/Saunders 1990), muss man festhalten, dass in der Praxis vor allem Kennzahlen – häufig in Form von Daumenregeln – eingesetzt werden (Piercy 1987, Albers 1998, S. 212 und Mantrala 2002, S. 410). Gründe dafür sind die komplexen Marketingwirkungsbeziehungen, die (früher?) schlechte Verfügbarkeit von Daten und entsprechenden

Entscheidungsunterstützungssystemen sowie fehlendes (statistisches) Know-how, um diese einzusetzen (Albers 1998, S. 212; Bruhn 2008, S. 214 ff.).

Heuristische
Marketingbud-
getierungsan-
sätze

Daher dominieren in der Unternehmenspraxis nach wie vor *heuristische* Methoden der Marketingbudgetierung, die im Gegensatz zu analytischen Ansätzen keine optimalen, sondern lediglich *zufriedenstellende* Lösungen anstreben, dafür aber mit vergleichsweise geringem Kalkulationsaufwand. Folgende heuristische Methoden werden klassischerweise im Kontext der Marketingbudgetierung genannt (siehe auch Bruhn 2008, S. 215 ff.):

- Bei der *Fortschreibungsmethode* orientiert sich die Marketingbudget-festlegung am Budget der Vorperiode. Dem grundsätzlichen Vorteil einer schnellen und aufwandsminimalen Budgetbestimmung steht hier unter anderem der Nachteil einer mangelnden Strategie- und Wettbewerbsorientierung entgegen.
- Auf der Grundlage von *Prozentmethoden* erfolgt die Bestimmung des Marketingbudgets als Prozentsatz einer Bezugsgröße (bspw. Umsatz oder Deckungsbeitrag). Diese Methode ist einfach und schnell anzuwenden, doch ihr fehlt die Sachlogik: So wird das Marketingbudget von einer Bezugsgröße wie dem Umsatz bestimmt und nicht umgekehrt, was zu einer problematischen prozyklischen Marketingbudgetierung führen kann.
- Nach der *finanzkraftorientierten Methode («affordability-method»)* richtet sich die Festlegung des Marketingbudgets nach den verfügbaren Finanzressourcen unter Berücksichtigung eines Mindestgewinns. Zwar berücksichtigt diese Methode die Finanzierbarkeit von Marketingvorhaben, verkennt jedoch die kausale Beziehung zwischen Marketingbudget und Zielgröße.
- Bei der *wettbewerbsorientierten Methode («competitive-parity-method»)* orientiert sich die Marketingbudgetierung an den Budgets der Hauptwettbewerber. Dem liegt vor allem die Annahme zugrunde, dass sich dadurch der Marktanteil eines Unternehmens sichern lässt. Als problematisch erweist sich jedoch die fehlende Berücksichtigung unternehmensspezifischer Marketingziele sowie die häufig mangelnde Transparenz bezüglich der Marketingbudgets von Wettbewerbern.
- Im Rahmen der *ziel- und aufgabenorientierten Methode («objective-and-task-method»)* werden die zur Erreichung der Marketingziele erforderlichen Marketingaufgaben beziehungsweise -maßnahmen kostenmäßig quantifiziert und budgetiert. Dies entspricht insofern einem sachlogisch-rationalen Vorgehen, als dass der kausalen Beziehung zwischen Marketingbudgets und Marketingoutputgrößen Rechnung getragen wird. Zentrale Voraussetzung ist dabei jedoch, dass diese Wirkungsbeziehungen zumindest in Grundzügen bekannt sind, was in der Unternehmenspraxis häufig nicht der Fall ist.

Insgesamt lässt sich festhalten, dass die *«optimale» Gestaltung der Marketingbudgetierung* wesentlich von der Kenntnis der funktionalen Wirkungsbeziehungen zwischen Marketinginput- und -outputgrößen abhängt. Eine leistungsfähige Marketingbudgetierung erfordert daher grundsätzlich, dass Unternehmen nicht einseitig auf Kostenkontrollen fokussiert sind, sondern insbesondere auch die Output generierende Wirkung von Marketingmaßnahmen berücksichtigen.

Marketingbudgetierung ist situativ

Marketingbudgetierung sollte selber effizient und daher *situationsspezifisch* sein: So können einfache Prozentmethoden in marketingschwachen Branchen mit geringer Marktkomplexität und -dynamik durchaus rational sein, während die vergleichsweise kostenintensive Implementierung computergestützter analytischer Ansätzen in wettbewerbs- und marketingintensiven Branchen gerechtfertigt sein kann. In diesem Kontext sind insbesondere auch verhaltensorientierte Aspekte der jeweiligen Methoden zu berücksichtigen. So erscheint beispielsweise der verbreitete Fortschreibungsansatz als geeignet, Konflikte zwischen verschiedenen Interessensgruppen innerhalb eines Unternehmens zu vermindern, da er zum Erhalt bestehender ressourcenbasierter Machtstrukturen beiträgt (ausführlich Piercy 1986 zu verhaltensorientierten Aspekten der Marketingbudgetierung).

5.4 Better Budgeting und Beyond Budgeting

Die Budgetierung steht seit einiger Zeit grundlegend in der Kritik (Schäffer 2003 und Weber/Linder 2003 ff.). Im Wesentlichen wird dabei unter anderem kritisiert, dass die Budgetierung in ihrer klassischen Form (Neely et al. 2001, S. 1 f.)

* zeit- und kostenintensiv, nicht aber wertschöpfend ist,
* jahresbezogen, unflexibel und bürokratisch ist,
* häufig nicht (ausreichend) mit der Strategie abgestimmt ist,
* die vertikale Steuerung und Kontrolle verstärkt,
* dysfunktionale Verhaltensweisen (bspw. «Budgetspiele») fördert,
* auf unfundierten Annahmen und Intuition basiert sowie
* Abteilungsbarrieren statt übergreifendes Wissensmanagement verstärkt.

Als Antwort auf diese Problembereiche der klassischen Budgetierung sind in der jüngeren Vergangenheit vor allem zwei Lösungsansätze propagiert worden: Während der *Better Budgeting*-Ansatz auf eine *Reform des Budgetierungsprozesses* abstellt, strebt der *Beyond Budgeting*-Ansatz eine *vollständige Abschaffung der Budgetierung* an (ausführlich Weber/Linder 2003). Im Rahmen einer knappen *Gesamtwürdigung* für die Marketingbudgetierung lässt sich festhalten, dass keiner der Ansätze universell überlegen ist (ausführlich: Weber/Linder 2003, S. 32 ff.; Reinecke/Janz 2007, S. 134 ff.). Die *klassische Budgetierung* erweist sich – entgegen der mitunter pauschalen Kritik – nach wie vor als geeigneter Ansatz in einem begrenzt dynamischen Umfeld. Der Better Budgeting-Ansatz eignet sich dagegen besser für eine Anpassung an einen dynamischeren Kontext. Der Beyond Budgeting-Ansatz erscheint aufgrund seiner marktähnlichen Koordinationsform schließlich am besten für einen dynamischen Unternehmenskontext geeignet, nicht dagegen für ein komplexes Umfeld; die Implementierung dieses Ansatzes ist allerdings auch anspruchsvoll.

6 Marketingaudit

6.1 Marketingaudit als «Health Check» des Marketings

Vorsorgeuntersuchungen in der Medizin haben sich bewährt. Im Marketing sind solche vorsorglichen Überprüfungen dagegen kaum üblich. Dabei liegen die objektiven Vorteile ebenso wie bei medizinischen Vorsorgeuntersuchungen eigentlich auf der Hand: Gerade für einen so dynamischen Bereich wie das Marketing ist es von Zeit zu Zeit absolut sinnvoll, sich die grundlegende Frage zustellen: Sind unsere Maßnahmen in den Bereichen Marketing und Verkauf tatsächlich sinnvoll und effektiv?

Der häufigste Anlass für ein Marketingaudit ist sicherlich ein personeller Wechsel beim Top-Management oder beim Marketing- bzw. Verkaufsmanagement. Aber auch andere externe Gründe wie Übernahmen, Fusionen und Kooperationen können dazu führen, dass man die Wirksamkeit der bisherigen Marketing- und Verkaufsanstrengungen kritisch hinterfragt. Ferner können von der Unternehmenszentrale initiierte Benchmarking-, Total Quality Management-, Zertifizierungs- oder Rationalisierungsprogramme in ein Marketingaudit münden.

Definition von Marketing-audits

In Anlehnung an Kotler/Keller (2006, S. 719) kann ein Marketingaudit definiert werden als eine umfassende, systematische, nicht weisungsgebundene, regelmäßige Untersuchung von Marketingumwelt, -zielen, -strategien sowie von Marketingprozessen, -organisation und -maßnahmen einer strategischen Geschäfteinheit (siehe ausführlich Reinecke/Janz 2007, S. 146 ff.). Es dient dazu, Herausforderungen und Chancen aufzudecken sowie einen Maßnahmenplan zur Verbesserung der Marketingleistung aufzustellen. Die einzelnen Merkmale eines solchen Audits sollen nachfolgend kurz erläutert werden :

Ein Marketingaudit ist umfassend: Ein «echtes» Marketingaudit muss sich immer auf den Gesamtbereich Marketing & Verkauf beziehen. Im Gegensatz zum Marketingaccounting steht nicht primär die Wirtschaftlichkeit (Effizienz), sondern vielmehr die Wirksamkeit (Effektivität) des gesamten Marketingmixes im Mittelpunkt. So ist beispielsweise ein isoliertes Preisaudit nicht zielführend, weil nur im Zusammenhang mit der Marktleistungsgestaltung bzw. Produktpolitik beurteilt werden kann, ob Preisstrategien, -systeme und -konditionen zweckmäßig sind.

- Ein Marketingaudit ist *systematisch:* Ein Audit dient der koordinierten Überwachung und bedarf somit einer gewissen Ordnung. Systematik bewirkt grundsätzlich dreierlei: Entlastung, Vollständigkeit und Vergleichbarkeit. Entlastung, weil man nicht alles neu erfinden muss und somit effizienter agieren kann. Vollständigkeit, weil Audit-Checklisten einem die Sicherheit geben, keinen zentralen Bereich des Marketings zu vernachlässigen oder gar zu vergessen. Vergleichbarkeit, sodass die Ergebnisse des Audits im Zeitverlauf oder mit den Resultaten des

Audits anderer Geschäftsbereiche verglichen und somit für Lernprozesse genutzt werden können. Kotler (1977, S. 67 ff.) hat eine Fragenliste zur Überprüfung der Marktorientierung der Unternehmensstrategie und somit der Marketingeffektivität entwickelt (Kotler/Keller 2006, S. 720), welche sich ebenfalls als Auditinstrument eignet (Abbildung 12).

Abbildung 12   **Prüfliste zur Bewertung der Marktorientierung der Unternehmensstrategie**

Kundenorientierung

- Bedürfnisorientierung (Wichtigkeit)
- Marktsegmentierung (Einsatzintensität)
- Marketing-Systemperspektive bzgl. Kunden, Lieferanten, Wettbewerbern, Umfeld (gegeben – nicht gegeben)

Adäquate Marketinginformationen

- Einsatz von Marktforschung (Häufigkeit und Intensität)
- Kenntnis von Umsätzen, DB bzgl. Produkten Kunden(-gruppen), Gebieten, Absatzwege usw. (Qualität)
- Wirksamkeitskontrollen bzgl. der diversen Marketingaufwendungen (Häufigkeit und Intensität)

Strategische Orientierung

- Formale Verankerung der Marketingplanung (Umfang der Nutzung)
- Marketingstrategie (Qualität)
- Einsatz von Szenariotechnik und Eventualplanung (Ausmaß)

Operationale Effizienz

- Verankerung/Kommunikation/Umsetzung der Marketingperspektive (Qualität)
- Wirksamkeit des Marketing-Mixes (Grad)
- Reagibilität bzgl. plötzlicher Veränderungen (Schnelligkeit und Effizienz)

Integrierte Marketingorganisation

- Hierarchieebene/formale Bedeutung des Marketing in der Organisation (Möglichkeit der integrierten Steuerung wichtiger Marketingfunktionen gegeben – nicht gegeben)
- Kooperation zwischen Marketing und anderen Funktionsbereichen (Qualität)
- Produktentwicklungsprozess/Innovationsmanagement (Grad der Systematik)

Quelle: Reinecke/Janz 2007, S. 147 in Anlehnung an Kotler 1977, S. 67 ff. und Kotler/Keller 2006, S. 720 f.

- Ein Marketingaudit *ist nicht weisungsgebunden:* Während Marketingmanager gerade in kleinen und mittelständischen Unternehmen häufig viele Marketingcontrollingaufgaben selber übernehmen müssen und auch können, ist dies bei einem «echten» Audit kaum möglich. Nur die personelle Unabhängigkeit des Auditors gewährleistet die erforderliche kritische Distanz: Wer stellt sich oder seine Entscheidungen denn schon tatsächlich selber in Frage?
- Ein Marketingaudit erfolgt *regelmäßig:* Ein Marketingaudit sollte regelmäßig in größeren Zeitabständen (3 bis 5 Jahre) oder zumindest sporadisch durchgeführt werden. Die Häufigkeit hängt davon ab, wie dynamisch der Markt ist.

- Ein Marketingaudit ist *strategiebezogen:* Ein umfassendes Marketingaudit hinterfragt aufgrund einer Überprüfung der Umwelt sowohl das Zielsystem als auch die gewählte Marketingstrategie.
- Ein Marketingaudit ist *prozess- und organisationsbezogen:* Im Rahmen eines Audits wird auch geklärt, ob die Abläufe effizient gestaltet sind und ob die gewählte Marketingorganisation zweckmäßig ist. Beispielsweise müssen Marketing und Verkauf effizient zusammenarbeiten und sich nicht – wie leider in zahlreichen Unternehmen üblich – gegenseitig bekämpfen.
- Ein Marketingaudit ist *aktionsbezogen:* Ein Arzt bleibt nicht bei der Analyse stehen, sondern stellt eine Diagnose und empfiehlt eine Therapie. Marketingaudits dienen zwar zunächst der Überwachung, doch sollten auch sie zwingend eine kritische Beurteilung im Sinne einer Diagnose umfassen. Wünschenswert wäre sogar ein Ableiten unterschiedlicher Therapievorschläge, wobei die Auswahl der Therapiemaßnahmen keinesfalls mehr dem Auditor zukommen sollte, sondern ausschließlich dem Management vorbehalten bleibt. Grundsätzlich besteht jedoch ein wesentlicher Unterschied zur Medizin: Beim Marketingaudit geht es nicht nur darum, «gesundheitliche» Probleme herausfinden, sondern gleichzeitig auch darum, Marktchancen aufdecken.

Zusammenfassend lässt sich festhalten, dass Marketingaudits eine wichtige qualitative und auf Effektivität ausgerichtete Komponente eines integrierten Marketingcontrollings darstellen. Insbesondere für Unternehmen, die ein strukturiertes Marketingcontrolling einführen wollen, eignet sich ein Marketingaudit als grundlegende Basis und «Nullmessung».

6.2   Markenaudit mithilfe des Markentrichters

Mit einem *Markenaudit* wird das Ziel verfolgt, möglichst umfassende Analysen sämtlicher Einflussgrößen des Markenwerts zu erstellen, um Hinweise für die strategische Markenführung zu erhalten (u. a. Keller 1998, S. 373 ff. und Reinecke/Janz 2007, S. 154 ff.).

Brand Funnel

Häufig wird der sogenannte *Markentrichter* (*Brand Funnel*; Braun/Kopka/Tochtermann 2003, S. 19 ff. und Riesenbeck/Perrey 2004, S. 100 ff.) als ein Instrument des Markenaudit eingesetzt. Der Markentrichter ist ein verhaltensorientierter Ansatz, um unterschiedliche Marken eines Unternehmens oder auch Konkurrenzmarken miteinander zu vergleichen. Er beruht letztlich auf einem klassischen und dem in der Praxis (trotz berechtigter Kritik) aufgrund seiner Einprägsamkeit am weitesten verbreiteten Stufenmodell, dem *AIDA-Modell* (Ambler 2000b, S. 299). Diesem liegt die folgende von Lewis 1898–1910 entwickelte Formel zugrunde (zit. nach Töpfer 2005, S. 865 f.): Kommunikation muss zunächst die *Attention* (Aufmerksamkeit) der Zielgruppe erregen, bevor sie *Interest* (Interesse) für die beworbene Leistung und schließlich *Desire* (Kaufwunsch) und *Action*

(Kaufhandlung) auslösen kann (Kroeber-Riel/Weinberg 2003, S. 612). Der Markentrichter baut auf der AIDA-Formel auf und gliedert den Prozess von Kundenakquisition und -bindung für jedes Zielgruppensegment in die fünf Schritte Bekanntheit, Interesse, Versuch, Präferenz und Loyalität (Abbildung 13).

Abbildung 13   Markentrichter

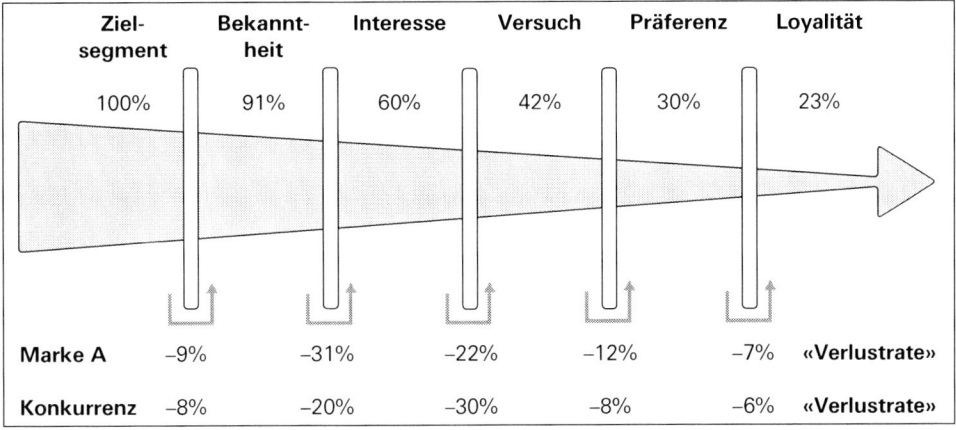

Quelle: Reinecke/Janz 2007, S. 155 in Anlehnung an Braun/Kopka/Tochtermann 2003, S. 19.

Der Trichter visualisiert dabei *Schwachstellen* im Kundenprozess: An welcher Stelle gehen im *Benchmarkingvergleich* besonders viele (potenzielle) Käufer oder Kunden verloren?

Herausforderungen beim Einsatz des Brand Funnels

Der Markentrichter ist ein einfaches, auf Effektivität ausgerichtetes Instrument, das danach strebt, dem Top-Management Hinweise für den wirkungsvollen Einsatz (knapper) Marketingressourcen zu geben. Häufig besteht das Ziel darin, ein reduziertes Marketingbudget effizienter einzusetzen. Der Einsatz des Markentrichters muss jedoch äußerst differenziert erfolgen; folgende Herausforderungen sind dabei zu berücksichtigen.

1. *Ausbau von Stärken oder Abbau von Schwächen:* Häufig wird der Markentrichter als defensives Instrument interpretiert. In jene Bereiche, bei denen im Konkurrenzvergleich Schwächen vorhanden sind, sollte man investieren, um diese auszugleichen. Dagegen sollte man bei jenen Stufen, bei denen man relativ gut abschneidet, versuchen, Überinvestitionen zu vermeiden. Allerdings: Erfolgreiche Strategien beruhen allerdings häufig auf einem konsequenten Ausbau relativer Stärken; das würde bedeuten, dass gegebenenfalls insbesondere in Stufen, in denen man bereits sehr gut ist, noch zusätzliche Mittel investiert werden sollten.

2. *Kundensegmentierung:* Eine segmentspezifische Analyse und Interpretation sind zwingend, weil eine aggregierte Betrachtung bezogen auf alle Kundengruppen zu Fehlschlüssen führen kann. So können sich beispielsweise die Trichter der Segmente «Jugendliche» und «Best Ager» dramatisch unterscheiden.

3. *Wettbewerbsvergleich:* Insbesondere beim Vergleich mit der Konkurrenz ist zu beachten, dass nur die gleichen Zielkunden miteinander verglichen werden sollten. Beispielsweise erscheint es nicht sinnvoll, den Markentrichter einer Retailbank mit jenem einer Privatbank zu vergleichen. Auch sind branchenübergreifende Vergleiche der Trichter (beispielsweise von Banken und Versicherungsgesellschaften) durchaus kritisch zu sehen, weil Kaufprozess und Kundeninvolvement sehr unterschiedlich sein können. Hier kann der Markentrichter allenfalls als exploratives, heuristisches Instrument zur Ideenentwicklung dienen.

4. *Undifferenziertes AIDA-Modell:* Das wesentliche Grundproblem des Markentrichters beruht auf der Basisannahme des zugrundeliegenden AIDA-Modells, dass die verschiedenen Wirkungsstufen nacheinander durchlaufen werden müssen. Diese Modellannahme wurde heftig kritisiert und wird heute nicht mehr aufrechterhalten (Aaker/Day 1974, S. 281 ff.). Beispielsweise ist zu berücksichtigen, dass die Einstellung nicht nur einseitig das Kaufverhalten beeinflusst, sondern dass auch umgekehrt das *Kaufverhalten die Einstellung beeinflusst* – beispielsweise durch die Nutzung der gekauften Leistung oder einen Probekauf. Der ATR-Theorie des «reinforcement» (Ehrenberg 1974) zufolge, die vor allem für Low-Involvement-Situationen postuliert wird, wirkt Werbung folgendermaßen: *A*wareness followed by *T*rial thereafter *R*einforced by advertising (Ehrenberg 1974 und Kroeber-Riel/Weinberg 2003, S. 173 f.). Werbung dient dann nicht der Überzeugung, sondern «lediglich» der Verstärkung (siehe auch Vakratsas/Ambler 1999).

Das *Involvement* der Konsumenten als Grad der inneren Beteiligung beziehungsweise des persönlichen Engagements, mit dem sich die Konsumenten zum Beispiel der Kommunikation oder einem Produkt zuwenden (u. a. Kroeber-Riel/Weinberg 2003, S. 370 ff.)., wird in den Markentrichter unzureichend integriert. Beispielsweise hat sich gezeigt, dass die aktive Markenbekanntheit bei einem geringen Involvement (bezüglich der Leistung) die höchste Verhaltensrelevanz aufweist, während das Kaufverhalten bei hohem Involvement in erster Linie durch die Markeneinstellung des Konsumenten bestimmt wird (Janßen 1999, S. 34). Grundsätzlich erscheint es daher auch sinnvoll, zwischen *Verwendern oder Nichtverwendern* einer Marke zu differenzieren (Kroeber-Riel/Esch 2004, S. 158 ff.). Für ein umfassendes Markenaudit sollte der Markentrichter ferner durch einstellungsorientierte Verfahren ergänzt werden, die das Markenwissen differenzierter messen.

5. *Gefahr gleichförmiger Handlungsimplikationen:* Häufig steht das Ziel der Anwendung des Markentrichters bereits im Voraus fest: Es sollen finanzielle Mittel eingespart werden, und die verbleibenden Mittel sollen hocheffizient investiert werden. Dies führt in der Praxis insbesondere bei reifen Marken dazu, dass häufig finanzielle Mittel im vorderen Teil des Trichters bei der Awareness-Generierung eingespart werden, weil hierzu in der Regel teure Massenkommunikation erforderlich ist. Es erscheint rational, hier in diesem Bereich einzusparen, um dann einen Teil der Mittel beispielsweise in die Kundenloyalität zu investieren, falls dort im Konkurrenzverlust überdurchschnittliche Verluste zu verzeichnen sind. Dies kann jedoch dazu verleiten, dass man in Low-Involvement-Bereichen starke Marken melkt.

6. *Anspruchsvolle Zuordnung der Marketingbudgets zu den Trichterstufen:* Häufig ist es nicht einfach, die eingesetzten Marketinginstrumente und die damit verbundenen Budgets den jeweiligen Trichterstufen zuzuordnen. Sponsoring kann beispielsweise sowohl auf Bekanntheit als auch auf Loyalität (durch Corporate Hospitality-Maßnahmen) ausgerichtet sein. Positiv ist allerdings, dass der Markentrichter dadurch die differenzierte Zielsetzung und -priorisierung von Marketinginstrumenten fördert.

7. *Marktforschungsdaten:* Voraussetzung für die Anwendung des Markentrichters sind zuverlässige Marktforschungsdaten. Falls alle Budgetentscheidungen im Marketing auf Basis dieses Instruments getroffen werden, so müssen hohe Anforderung an Gültigkeit und Repräsentativität der Daten gestellt werden. Wie für die meisten Marktforschungsdaten gilt auch hier, dass sich ihr Informationspotenzial erst im Zeitverlauf durch Trakkinganalysen voll entfaltet; einmalige Querschnittdaten sind deutlich weniger ergiebig.

Zusammenfassend lässt sich feststellen, dass der Markentrichter bei differenziertem, segmentspezifischem Einsatz ein wertvolles Audit- und Controllinginstrument für Marketingführungskräfte darstellt, insbesondere weil er sehr konkurrenzorientiert ist und hilft, Marketingziele differenziert zu setzen, zu priorisieren und zu kontrollieren. Als undifferenziertes Globalinstrument zur (einmaligen) Identifikation von Einsparmaßnahmen ist er dagegen gefährlich; dies gilt insbesondere, wenn sich die Anwender der Grenzen des zugrunde liegenden AIDA-Modells nicht ausreichend bewusst sind.

Wird die Unternehmensstrategie am Shareholder-Value ausgerichtet, so hat dies *keine Neudefinition des Marketings* zur Folge. Dennoch kommt es zu einer gewissen Erweiterung und Akzentverschiebung (Abbildung 14), weil Ansprüche der Shareholder die zentrale Messlatte für die Effektivität einer Marketingstrategie werden.

Hebel zur Steigerung des Unternehmenswerts

Das Marketingzielsystem wird somit insbesondere um geldflussorientierte Kenngrößen erweitert. Neben traditionellen finanziellen Größen wie Umsatz und Ertrag kommt dabei den Faktoren Zeit und Risiko ein besonderes Gewicht zu. Verfolgt ein Unternehmen das Ziel, den Shareholder-Value zu erhöhen, so hat es grundsätzlich mehrere Möglichkeiten, um Hebelwirkungen zu erzielen (Rappaport 1986, Srivastava/Shervani/Fahey 1998, S. 9):

- *Erhöhung des Cashflows* (höhere Einnahmen, geringere Ausgaben),
- *Senkung von Risiken* bezüglich des Erzielens von Cashflows (niedrigere Volatilität und geringe Verletzbarkeit von Geldflüssen reduzieren Kapitalkosten),
- *Beschleunigung von Cashflows* (Zeitanpassungen und Risiken reduzieren den Wert späterer Geldflüsse),
- *Erhöhung des Restwerts einer Investition* (bspw. Restlaufzeit eines Patents).

Abbildung 14   **Annahmen bezüglich eines am Shareholder-Value orientierten Marketings**

	Traditionelle Annahmen	Erweiterte Annahmen
Ziel und Zweck des Marketings	Kundennutzen schaffen	Potentiale erschließen und ausschöpfen, um Shareholder-Value zu schaffen
Marketing-Stakeholder	Kunden, Konkurrenten, Partner	Shareholder und potentielle Investoren
Wahrnehmung von Kunden, Marktleistungen und Kanälen	Objekte, die von Marketingmassnahmen betroffen sind	Aktiva, die gepflegt und ausgeschöpft werden müssen
Verhältnis zwischen Marketing und Finanzen/Controlling	positive Marktergebnisse führen zu positiven finanzwirtschaftlichen Ergebnissen	Schnittstelle Marketing – Finanzwesen/Controlling muss systematisch gestaltet werden
Inputvariablen von Marketinganalysen	Verständnis von Kunden und Märkten	finanzielle Konsequenzen von Marketingentscheidungen
Beteiligte an Marketingentscheidungen	primär Marketingführungskräfte, ggf. unter Einbezug anderer Funktionsbereiche	alle Führungskräfte ohne Rücksicht auf Funktion oder Position
Gestaltungsbereiche des Marketings	Marketing-Mix	Umgang mit Kunden- und Leistungspotenzialen

	Traditionelle Annahmen	**Erweiterte Annahmen**
Entscheidungsdurch-setzung	input- und prozessbezogene Anweisungen	zielorientierte Anweisungen, intensive Feedback-Diskussion
Bewertung von Marketing-tätigkeiten	Ausgaben beziehungsweise Aufwand	Cashflow-beeinflussende Strategien, generierter Mehr-wert
Messbereiche	Marktergebnisse, Marktleis-tungen, Kunden, Kanäle, Part-ner, Konkurrenten	finanzwirtschaftliche Auswir-kungen der intangiblen Werte (Kunden- und Markenwert)
Kennzahlen	Umsätze, Deckungsbeiträge, Marktanteile, Kundenzu-friedenheit, Umsatzrentabili-tät	Shareholder-Value, abdiskon-tierte Cashflows

Quelle: Reinecke 2004, S. 230 in Anlehnung an Srivastava/Shervani/Fahey 1998, S. 3.

Marketing und Verkauf sind traditionell (zu) stark umsatzgetrieben (Churchill/Mullins 2001, S. 141); Risiken bezüglich zukünftiger Cashflows oder die Geschwindigkeit, mit der Cashflows erzielt werden (Stichwort: Zahlungsziele), standen bisher nicht im Mittelpunkt. Diese Werttreiber sind jedoch nicht zu vernachlässigen. Im Sinne einer stärkeren Betonung der Reflexion sind im Rahmen des Marketingcontrollings daher die Aspekte *Zeitwert des Geldes und Risiko stärker zu gewichten*. Mithilfe des Sharehol-der-Value-Ansatzes lassen sich *künftige Marketingstrategien bewerten*. Profitables Umsatzwachstum ist eines der Hauptziele des Marketings. Kostensenkungen und Downsizing führen zwar kurzfristig zu einer Erhö-hung des Cashflows, nachhaltig wirkt sich jedoch nur profitables Umsatz-wachstum auf den Unternehmenswert aus. Ein 10-prozentiges *Umsatz-wachstum* (bei konstanter Marge) schlägt sich bei Annahme eines 5-Jah-reszeitraums in einer Steigerung des Unternehmenswerts von 32 Prozent nieder (Abbildung 15), bei einem 20-prozentigem Wachstum sogar um 78 Prozent. Kurzfristig sinken aber die Cashflows, weil ein Teil des Geldes zur Wachstumsstimulierung investiert wird.

Abbildung 15 Shareholder-Value-Berechnung der Muster AG (in Millionen €)

	Basis	Jahr 1	Jahr 2	Jahr 3	Jahr 4	Jahr 5
Umsatz	100,0	110,0	121,0	133,1	146,4	161,1
Umsatzrendite	10,0	11,0	12,1	13,3	14,6	16,1
Steuer (30 %)	3,0	3,3	3,6	4,0	4,4	4,8
Geschäftsergebnis nach Steuern (NOPAT)	7,0	7,7	8,5	9,3	10,2	11,3
Neuinvestitionen		4,0	4,4	4,8	5,3	5,9
Cashflow		3,7	4,1	4,5	4,9	5,4
Zinssatz (r = 10 %)		0,909	0,826	0,751	0,683	0,621
Diskontierter Cashflow (Barwert)		3,4	3,4	3,4	3,4	3,4

Kumulierter diskontierter Cashflow	16,8	Shareholder-Value (Ausgang)	52,0
Diskontierter Restwert	70,0	△ Shareholder-Value (68,8 – 52,0)	16,8
Andere Investitionen	7,0	Implizierter Aktienpreis (bei 3 Mio. Aktien)	€ 22,93
Wert der Schulden	–25,0	Aktienpreis (Ausgang)	€ 17,33
Shareholder-Value	68,8	△ Shareholder-Value (68,8 – 52,0)	32 %

Quelle: Reinecke/Janz 2007, S. 390 in Anlehnung an Doyle 2000, S. 301.

Auch der *positive Einfluss starker Marken* auf den Unternehmenswert lässt sich mithilfe dieses Ansatzes belegen. Marktführende starke Marken erzielen häufig ein deutliches Preispremium von bis zu 40 Prozent; starke Marken weisen eine höhere Werbeelastizität und somit -wirksamkeit auf, sind durch erleichterte Marken- und Produktausweitungen gekennzeichnet und werden mit niedrigem Risiko assoziiert (Doyle 2000 sowie die dort zitierte Literatur).

Das Beispiel in Abbildung 16 zeigt, dass sich der Unternehmenswert mehr als verdoppeln kann, wenn es gelingt, einen 10 Prozent *höheren Preis* durchzusetzen. «There is no more dramatic proof of the power of brands than simulation the effects of brand premiums on shareholder-value on spreadsheet» (Doyle 2000, S. 303). *Kostensenkungen* um 10 Prozent (bspw. aufgrund geringerer Listungsgebühren beim Handel) wirken sich zwar auch noch mit 35 Prozent sehr positiv, aber deutlich weniger intensiv auf den Unternehmenswert aus. Gelingt es, die Investitionen um 10 Prozent zu senken (bspw. durch eine Optimierung von Partnerschaften in der Distribution), dann schlägt sich dies noch mit 7 Prozent auf den Shareholder-Value nieder.

Abbildung 16   Effektsimulation von Marketingstrategien auf den Wert der Muster AG (in Millionen)

	Diskontierter Cashflow	Diskontierter Restwert	Shareholder-Value	△ Shareholder-Value	Aktienpreis (in €)	△ Shareholder-Value in %
Kein Umsatzwachstum	26,5	43,5	52,0	0,0	17,33	0%
Umsatzwachstum (+10% p. a.)	16,8	70,0	68,8	16,8	22,93	32%
Umsatzwachstum (+20% p. a.)	2,2	108,2	92,3	40,3	30,76	78%
Preiserhöhung (+10%)	51,3	86,9	120,2	68,9	40,07	131%
Senkung Geschäftskosten (–10%)	33,4	54,8	70,2	33,6	23,40	35%
Senkung Investitionstionsrate (–10%)	30,2	43,5	55,6	3,6	18,53	7%
Beschleunigung Cashflow (um 1 Jahr)	18,2	70,0	70,2	18,2	23,40	2%[1]
Senkung Kapitalkosten (–10%)	27,2	45,5	54,7	2,7	18,23	5%
Ausdehnung Wachstumsperiode (+1 Jahr)	20,5	70,0	72,5	20,5	24,17	5%[1]

[1] Verglichen mit der Basisstrategie (10%-Umsatzwachstum)

Quelle: Reinecke/Janz 2007, S. 391 in Anlehnung an Doyle 2000, S. 304.

Der *Restwert einer Investition* übertrifft in der Regel deutlich den Wert des Cashflows, der in der Planungsperiode (bspw. 5 Jahre) erwirtschaftet wird. Letztlich hängt dies von zwei Faktoren ab: der Nachhaltigkeit des eigenen Wettbewerbsvorteils (und somit auch der Markenstärke) sowie den generierten Realoptionen für Wachstum (Copeland/Antikarov 2001). Spezifisches Marketing-Know-how, beispielsweise einzigartige Produktentwicklungskompetenz, starke Kundenbeziehungen, exklusive Distributionssysteme und starke Marken (Reinecke 2004, S. 232 f.) beeinflussen den Cashflow maßgeblich (simuliert durch eine Verlängerung der Wachstumsperiode in Abbildung 16).

Mithilfe von Shareholder-Value-Berechnungen sind Marketingcontrolling und -management nicht nur in der Lage, den positiven Effekt von marketinginduzierten profitablen Wachstumsstrategien zu belegen; vielmehr lässt sich ebenfalls zeigen, dass das Senken von Werbekosten zwar unmittelbar das Geschäftsergebnis erhöht, langfristig den Unternehmenswert aber reduziert. Der direkte Einfluss der Werbung auf den Umsatz ist grundsätzlich gering; die größte festgestellte Werbeelastizität liegt bei 0,2, das heißt, eine Intensivierung der Werbung um 10 Prozent führt zu einer Umsatzsteigerung von 2 Prozent (Doyle 2000, S. 308).

In Low-Involvement-Situationen kann der Druck auf Marketing- und insbesondere Werbebudgets durch das Top-Management besonders hoch sein, zumal zwei Drittel der Kosten variabel sind. Aufgrund der Berechnungen in Abbildung 17 wird jedoch offensichtlich, welchen deutlich negativen Einfluss es auf den langfristigen Unternehmenswert hat, wenn aus kurzfristigen Kostenüberlegungen in einer solchen Situation die *Werbeausgaben* gestrichen werden (€ 5 Millionen) – auch wenn es das operative Geschäftsergebnis zunächst positiv beeinflusst (Annahmen: 1. Die Werbeelastizität liegt lediglich bei 0,1; ein vollständiger Verzicht auf Werbung reduziert den Umsatz lediglich um 10 Prozent. Dieser Effekt halbiert sich jedes Jahr. 2. Die geringere Absatzmenge führt dazu, dass das Preispremium sinkt, weil der Handel größere Rabatte durchsetzen kann.) Insgesamt reduziert sich der Unternehmenswert durch das Streichen der Werbeinvestitionen um fast ein Drittel, insbesondere aufgrund des niedrigeren Preispremiums.

Abbildung 17   Simulation der Streichung von Werbemaßnahmen auf den Shareholder-
Value (in Millionen €)

	Basis	Jahr 1	Jahr 2	Jahr 3	Jahr 4	Jahr 5
Absatz	100,0	90,0	85,5	83,4	82,3	82,3
Preis	1,00	0,99	0,98	0,97	0,96	0,95
Umsatz	100,0	89,1	83,8	80,9	79,0	78,1
Variable Kosten	66,7	60,0	57,0	55,6	54,9	54,8
Fixkosten	23,3	18,3	18,3	18,3	18,3	18,3
Geschäftsergebnis	10,0	10,8	8,5	7,0	5,8	5,0
Steuer (30 %)	3,0	3,2	2,6	2,1	1,7	1,5
Geschäftsergebnis nach Steuern (NOPAT)	7,0	7,5	5,9	4,9	4,1	3,5
Neuinvestitionen		−4,0	−1,8	−0,9	−0,4	0
Cashflow		11,5	7,7	5,7	4,5	3,5
Zinssatz (r = 10 %)		0,909	0,826	0,751	0,683	0,621
Diskontierter Cashflow (Barwert)		10,5	6,4	4,3	3,1	2,2
Kumulierter diskontierter Cashflow	26,4	Shareholder-Value (Ausgang)				70,0
Diskontierter Restwert	21,6	△ Shareholder-Value (48,0–70,0)				−22,0
Shareholder-Value	48,0	△ Shareholder-Value				−31 %

Quelle: Reinecke/Janz 2007, S. 392 in Anlehnung an Doyle 2000, S. 309..

Insgesamt lassen sich *fünf zentrale Gründe* nennen (siehe Abbildung 18),
warum Shareholder-Value-Analysen dem Marketingmanagement Nutzen
stiften (Doyle 2000, S. 310 und Lukas/Whitwell/Doyle 2005, S. 416 ff.):

1. Der Shareholder-Value-Ansatz hilft dem Marketingmanagement, die
   Ziele eindeutig zu definieren und zu operationalisieren. Marketing
   strebt somit nicht nach unprofitablem Wachstum, sondern danach,
   den Unternehmenswert zu steigern.

2. Unternehmenswertanalysen bieten dem Marketingmanagement eine
   starke theoretische Argumentationsbasis, die mit der Sprache des Top-
   Managements und der Börse kongruent ist. Dies erleichtert die funktionsübergreifende Koordination.

3. Der Shareholder-Value-Ansatz ermöglicht es dem Marketingmanagement, den *Wert von «Marketing-Assets»* wie überlegenes Wissen und
   Fähigkeiten sowie Marken und Kundenbeziehungen besser zu doku-
   mentieren.

4. Bei richtiger Anwendung belegen Shareholder-Value-Analysen den
   Nutzen profitabler Marketinginvestitionen, weil Marketing nicht mehr
   wie im traditionellen Rechnungswesen als Kosten, sondern als Investition darstellbar und kalkulierbar ist. Gleichzeitig kann damit gezeigt

werden, dass sich kurzfristige, opportunistische Budgetkürzungen langfristig sehr negativ auf den Unternehmenswert auswirken (siehe hierzu insbesondere auch Mizik/Jacobson 2007).

5. «Shareholder-value analysis is tautological without a creative marketing strategy» (Doyle 2000, S. 309). Ohne ein strategisches Fundament, das zeigt, wie Wettbewerbsvorteile zu erzielen sind, sind wertorientierte Berechnungen bedeutungslos (Day/Fahey 1990, S. 162). *Marketing steht somit im Zentrum der Strategiediskussion*: Warum sollten Kunden es nachhaltig bevorzugen, beim eigenen Unternehmen und nicht bei der Konkurrenz zu kaufen?

Abbildung 18   **Nutzen des Shareholder-Value-Ansatzes für das Marketing**

Quelle: In enger Anlehnung an Lukas/Whitwell/Doyle 2005, S. 416.

Insbesondere gelingt es Marketingführungskräften durch eine solche «Umarmungsstrategie», einen rein rhetorischen Einsatz des Shareholder-Value-Konzepts zu entlarven. Der *Ansatz erfordert jedoch eine echte langfristige Perspektive* – andernfalls führt er ausschließlich zu Rationalisierung und Downsizing (Lukas/Whitwell/Doyle 2005, S. 439), nicht jedoch zu einer Steigerung des Unternehmenswerts. Und wer, wenn nicht Marketingmanager, sind in der Lage, die Nachhaltigkeit von Strategien im Wettbewerbsvergleich zu beurteilen?

8   Strategisches Kundenwertcontrolling

Aufgabe des strategischen Kundenwertcontrollings ist es, *zukünftige Erfolgspotenziale* aufzufinden, aufzubauen und zu nutzen. Dazu gehört beispielsweise, möglichst früh Strukturbrüche im Kundenstamm zu erkennen, aus denen Chancen und Risiken hervorgehen können (Link/Gerth/Voßbeck 2000, S. 67 ff.). Kundenerfolgspotenziale sind zunächst mittels Kundenwertkonzepten zu erkennen, um im nächsten Schritt die langfristig orientierte Marktbearbeitung daran zu orientieren. Im Folgenden werden ausgewählte Analysemethoden vorgestellt.

8.1   ABC-Analyse

Eine in der Unternehmenspraxis sehr weit verbreitete Methode zur Analyse des Kundenstamms ist die *ABC-Analyse*. Hierbei werden Kunden hinsichtlich einer Erfolgsgröße (meist Umsatz oder Deckungsbeitrag) in eine Reihenfolge gebracht. Somit lassen sich Kunden anhand ihrer Attraktivität in eine ABC-Klassifikation einteilen, wobei A-Kunden die attraktiven und C-Kunden als die am wenigsten interessante Klientel darstellen.

Häufig ergibt sich eine klassische 20-zu-80-Konzentration (siehe Abbildung 19): Analog der sogenannten *Pareto-Regel* bedeutet das, dass 20 % aller Kunden 80 % des Gesamterfolges bewirken. In Einzelfällen wurden auch bereits Verteilungen wie 20 : 225 festgestellt (Cooper/Kaplan 1991): Hier haben 20 % der Kunden 225 % des Gewinns erzielt, die restlichen Kunden diesen wieder reduziert.

Abbildung 19   ABC-Analyse mit einer 20-zu-80-Konzentration

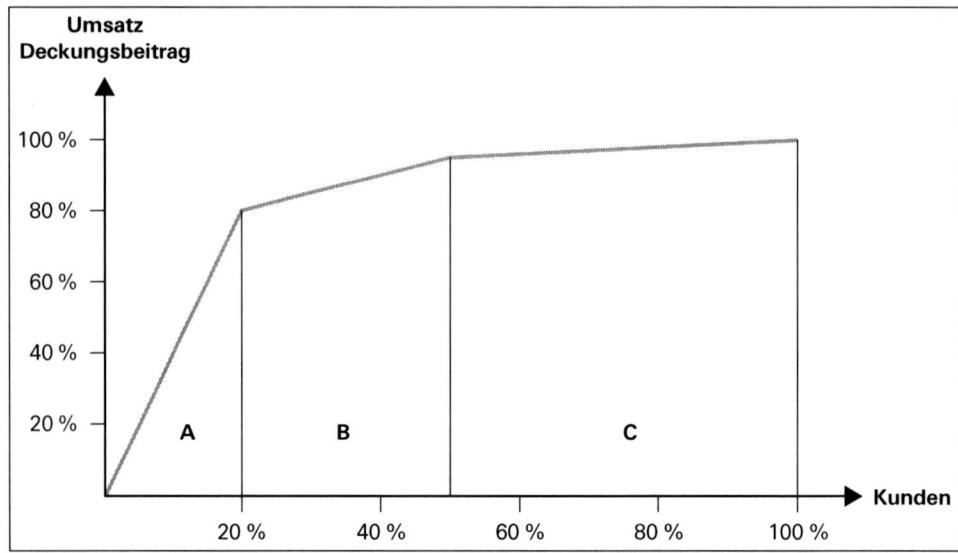

Quelle: Reinecke/Keller 2006, S. 263.

Häufig empfiehlt es sich, bei kostenspezifischen Fragen sowohl Umsatz als auch Kosten in die ABC-Analyse einzubeziehen (Rieker 1995, S. 56). Scheiter und Binder (1992) zeigen anhand eines Fallbeispiels, dass B-Kunden bei Betrachtung der *Vollkosten* die rentabelsten sein können (siehe Abbildung 20).

Abbildung 20   ABC-Analyse auf Basis einer Vollkostenrechnung

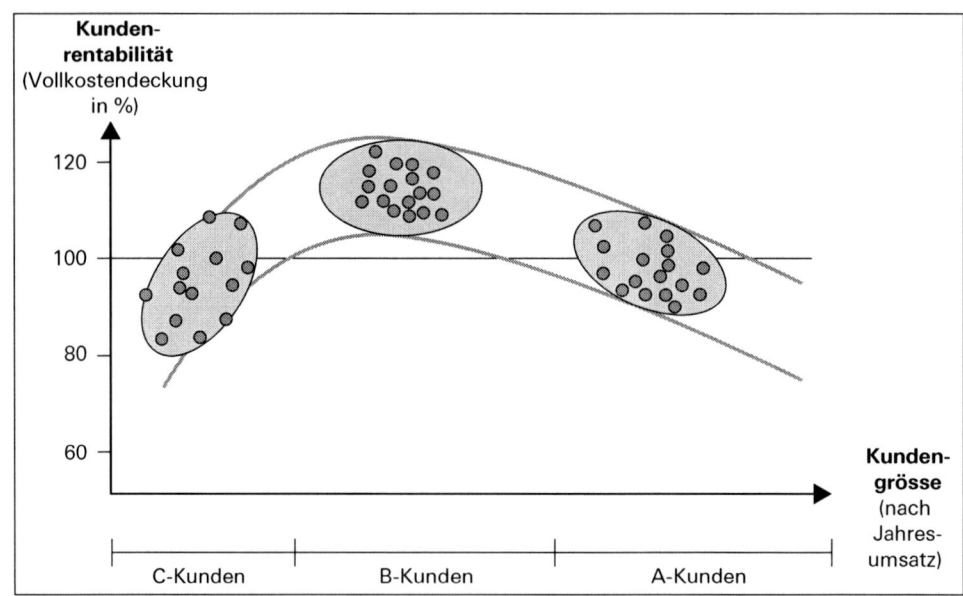

Quelle: In Anlehnung an Scheiter/Binder 1992.

Die ABC-Analyse gibt Aufschluss darüber, welche Kunden mit größerer Priorität zu bearbeiten sind und welche Abnehmer weniger zum Erfolg beitragen. Überdies eignet sich die Methode, um die Ausgewogenheit der Kundenstruktur zu kontrollieren oder Verschiebungen der Kundenstruktur festzustellen (Schmöller 2001, S. 137 f.). Grundsätzliche Defizite bestehen hinsichtlich der niedrigen Zukunftsorientierung und der eindimensional-monetären Bewertung von Kunden. Kundenselektionsentscheidungen sollten niemals ausschließlich auf Portfoliobasis getroffen werden.

8.2 Scoring-Modelle

Scoring-Modelle erlauben es, *sowohl nicht-monetäre als auch monetäre Komponenten* zu berücksichtigen. Monetäre Kennzahlen fließen jedoch nicht direkt in die Analyse ein, sondern werden in eine dem Scoring-Modell angepasste einheitliche Skala transformiert. Analog zu einer klassischen *Nutzwertanalyse* ist bei Scoring-Modellen zunächst eine Liste aller relevanten Kriterien zu erstellen. Nachdem alle Kunden anhand dieser Kriterien auf einer normierten Skala bewertet wurden, werden die Ausprägungen über Gewichtungsfaktoren zu einem Gesamtwert verdichtet (siehe Abbildung 21). Dabei entscheiden die Zielgewichte, inwieweit die einzelnen Kriterien in die Bewertung der Kunden eingehen. Als maßgebliches Entscheidungskriterium über Investitionen in den Kunden dient der aggregierte *Gesamtscoringwert* eines Kunden.

Abbildung 21   Scoring-Modell

Punkte / Kriterien	1	2	3	4	5	Gewicht	Wert
Bedarfsvolumen			☒			30	120
Wachstum		☒				10	20
Preisdurchsetzbarkeit			☒			20	60
Kundentreue			☒			5	15
Bonität		☒				5	10
Lieferanteil					☒	10	50
Auftragskontinuität			☒			5	15
Lead-User-Funktion	☒					5	5
Strategischer Partner	☒					5	5
Fit mit Ressourcen				☒		5	20
Summe						100	320

Quelle: In enger Anlehnung an Krafft/Albers 2000.

Das bekannteste Scoring-Modell ist das *RFM- bzw. RFMR-Modell*, wobei die Benennung auf die Komponenten Recency, Frequency und Monetary Ratio zurückgeht. Dieser insbesondere im Versandhandel übliche Ansatz basiert auf dem Gedanken, Kunden, deren Käufe in jüngerer Zeit datieren (Recency), einen höheren Score zuzuschreiben, als Kunden, deren letzter Kauf weit in der Vergangenheit liegt. Umso häufiger der Kunde einen Kauf tätigt (Frequency) und umso höher dessen Wert (Monetary Ratio), desto bedeutender ist er.

Aufgrund ihrer *Flexibilität* hinsichtlich Anzahl und Art der Variablen (monetär oder nicht-monetär) und Art des Skalenniveaus (nominal, ordinal oder metrisch) sind Scoring-Modelle dazu in der Lage, die *Mehrdimensionalität* des Kundenwertkonstrukts abzubilden. Problematisch ist jedoch die methodische Vorgehensweise bei der Bestimmung und Operationalisierung der Parameter. Da dieses Vorgehen einer möglichst objektiven Bewertungsgrundlage und methodisch ausgearbeiteten Verdichtungssystematik bedarf, um einer *Scheingenauigkeit* vorzubeugen, entscheidet letztlich der Prozess der Berechnung des Kundenscores darüber, wie valide und praktikabel das Bewertungsinstrument ist. So sollten beispielsweise die Kriterien *vollständig* und *unabhängig* sein, was in der Praxis aufgrund der Vielzahl der eingesetzten Kriterien häufig nicht gewährleistet ist.

8.3 Customer-Lifetime-Value-Modelle

Soll der Investitionsaspekt und Lebenszyklus der Kunden bei der Kundenbewertung im Vordergrund stehen, so bieten sich *Customer-Lifetime-Value-Modelle* (CLV-Modelle) an. Gemäß Dwyer (1997) lassen sich die Modelle in zwei Kategorien einteilen:

Lost-for-good-Ansatz

1. Dem *«Lost-for-good»-Ansatz* liegt der Beziehungsmarketingansatz zugrunde, weshalb die Modelle als kundenbindungsbasiert bezeichnet werden. Aufgrund des großen Commitments oder hoher Wechselbarrieren sind Kunden stark an einen Anbieter gebunden. Beenden die Kunden eine Beziehung mit dem Anbieter, dann nimmt man an, dass diese Kunden für alle Zeiten verloren sind.

Always-a-share-Ansätze

2. Bei *«Always-a-share»-Ansätzen* spricht man von kundenmigrationsbasierten Modellen, was dem Transaktionsdenken entspricht. Nach diesem Ansatz stehen Kunden mit mehreren Anbieter in einer Geschäftsbeziehung. Dabei entscheiden die Kunden situativ, bei welchem Anbieter sie welchen Teil ihrer Einkäufe tätigen.

Kundenbindungsbasierte Modelle können auf Ebene des gesamten Kundenstamms oder mit kundenindividuellem Fokus definiert werden. Der «Net Profit Value» bzw. der gegenwärtige Nettowert eines Kunden wird über sämtliche Gewinnrückflüsse (Barwerte) des Kunden über dessen gesamte Lebenszeit bestimmt (Reichheld/Sasser 1990, S. 109; Blattberg/Deighton 1996, S. 137 f.). Mit anderen Worten ergibt sich dieser investitionsrechnerische Kundenwert über die Summe aller abdiskontierten Auszahlungsüberschüsse des Kunden. Um den Customer Lifetime Value des gesamten Kundenstamms zu bestimmen, werden die einzelnen Kundenwerte addiert.

Im Vergleich zu den bisher behandelten Modellen haben CLV-Modelle den Vorteil, dass sie unter vorausschauender Betrachtung auf den Kunden-*Cashflows* aufbauen (Cornelsen 2000, S. 140). Bedenkt man die Vielzahl der vorhandenen Berechnungsmodelle, besteht die Herausforderung in der Praxis allerdings nicht darin, überhaupt ein Modell zu finden, sondern vielmehr die für den strategischen Unternehmenskontext passende Operationalisierung zu wählen *und situationsadäquate Annahmen* zu treffen. Die «lost-for-good»- «always-a-share»-Klassifikation der Kundenbeziehung kann helfen, entsprechend den beabsichtigten strategischen Implikationen eine Modellauswahl vorzunehmen. In der Praxis besteht allerdings ein gewisser Zielkonflikt zwischen *komplexer, situationsspezifischer Modellierung* einerseits und Praktikabilität sowie methodischem Aufwand andererseits. Abbildung 22 zeigt die *Vielzahl der Einflüsse* auf den Customer Lifetime Value, die bei einer Berechnung zu berücksichtigen sind.

Abbildung 22   Einflussfaktoren auf den Customer-Lifetime-Value

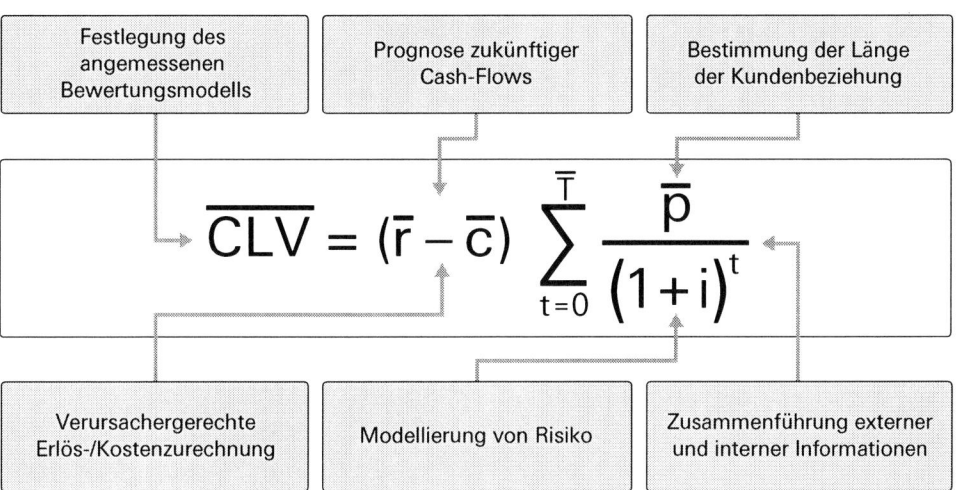

Quelle: Eigene Darstellung in Anlehnung an Reinecke/Keller 2007.

8.4   Kundenportfolio-Modelle

Ebenso wie ABC-Analysen dienen Kundenportfolio-Modelle der Analyse der Kundenstruktur. Die Grundidee besteht darin, das Kundenportfolio anhand von zwei Dimensionen zu analysieren, um aus den Erkenntnissen Investitionsentscheidungen treffen zu können. Grundsätzlich spiegelt sich auf der einen Analysedimension die (beeinflussbare) Unternehmenskomponente wider, während sich auf der anderen Dimension die (kaum beein-flussbare) Umfeldkomponente abbildet (Schmöller 2001, S. 138). Anhand der Kundenkonzentrationen lassen sich die Risikoverteilung beurteilen und Kundenmanagementstrategien definieren.

Kundenattrak-tivität vs. relative Wettbe-werbsposition beim Kunden

Ähnlich wie bei der ABC-Analyse werden beim Kundenportfolio-Ansatz Kunden oder Kundensegmente anhand von zwei Achsen visualisiert (siehe Abbildung 23). Häufig werden die Dimensionen *Kundenattraktivität* und die eigene *relative Wettbewerbsposition* verwendet. Mögliche Variablen für die Attraktivität sind Umsatzwachstum oder die Entwicklung des Deckungsbeitrags, aber auch der mithilfe eines Scoring- oder Customer-Lifetime-Value-Modells berechnete Kundenwert. Für die relative Wettbe-werbsposition wird häufig der eigene *Kundenanteil* («Share of wallet») ver-wendet.

Kundenportfolio-Analysen ergeben leicht verständliche Heuristiken zum *Ableiten von Normstrategien der Kundenbearbeitung.* Teilt man die Portfo-lio-Matrix in vier Felder ein, so können beispielsweise die Kunden(-seg-mente) mit einer hohen Attraktivität bei einer schwacher Wettbewerbspo-sition als «Entwicklungskunden» bezeichnet werden. Bei diesen Kunden ist zu überprüfen, ob die Wettbewerbsposition durch zielgerichtete Maß-nahmen verbessert werden kann (Link/Hildebrand 1993, S. 53).

Abbildung 23   Kundenportfolio-Modell mit Soll-Ist-Vergleich oder Entwicklungstrend
(gestrichelter Kreis)

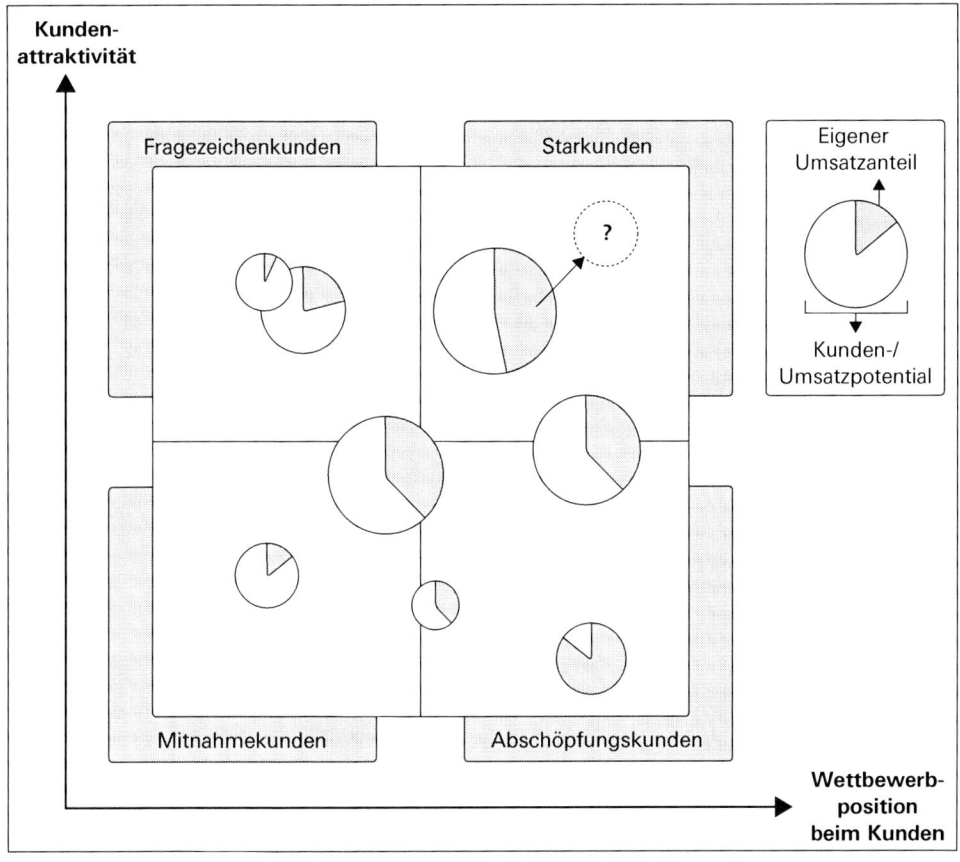

Quelle: Reinecke/Keller 2006, S. 266 in Anlehnung an Homburg/Daum 1997, S. 396.

Aufgrund des Aggregationsgrades eignet sich die Methodik in besonderem Maße für Kundensegmente oder Unternehmen mit einer *geringen Kundenanzahl*. Dies ist Grund dafür, weshalb die Analyseform im Business-to-Business-Bereich weit verbreitet ist (Homburg/Schnurr 1998, S. 183). Allerdings ist auch eine *mehrstufige Vorgehensweise* denkbar, bei der beispielsweise zuerst alle Distributionskanäle (bspw. Fachhandel, Großhandel, Exporteure) und anschließend die Unternehmen eines Kanals (bspw. Fachhändler) im Einzelnen analysiert werden. Trotz der starken *Komplexitätsreduzierung* gibt die Methodik Impulse und Anregungen für die Zusammenstellung des Maßnahmenkatalogs. Normstrategien sind allerdings mit äußerster Vorsicht zu behandeln.

9 Aufbau von Kennzahlensystemen für Marketing und Verkauf

Kennzahlen verdichten und kommunizieren

«Betriebswirtschaftliche Kennzahlen [...] sind Zahlen, die in konzentrierter Form über einen zahlenmäßig erfaßbaren betriebswirtschaftlichen Tatbestand informieren» (Staehle 1967, S. 62). Wesensimmanentes Merkmal von Kennzahlen ist somit die *Verdichtung quantifizierter Informationen* (Wolf 1977, S. 11); dadurch reduzieren sie die Gefahr technischer und semantischer Kommunikationsstörungen auf dem Weg vom Sender zum Empfänger der Information auf ein Minimum (Staehle 1973, S. 223). Kennzahlen kommt somit im Rahmen des Marketingcontrollings eine hohe Bedeutung zu. Grundsätzlich erlangen sie allerdings nur durch Vergleiche Aussagekraft (Siegwart 2002, S. 13 ff.): Dies sind entweder innerbetriebliche *Zeit-, Soll-Ist- oder Objektvergleiche*.

Funktionen von Kennzahlensystemen

Marketingkennzahlensysteme werden nachfolgend als zweckorientierte Gliederung von Kenngrößen einer marktorientierten Unternehmensführung verstanden (Reinecke 2004, S. 76). Es handelt sich um eine logische und/oder rechnerische Verknüpfung mehrerer Kennzahlen, die zueinander in einem Abhängigkeitsverhältnis stehen und sich gegenseitig ergänzen. Sie erfüllen drei Funktionen (Geiss 1986, S. 104 ff. und Caduff 1981, S. 45 ff.):

1. *Analysefunktion* (Beispiel: Kennzahlensystem zur Ermittlung der Markenstärke),
2. *Lenkungs- beziehungsweise Steuerungsfunktion* (gewisse Kennzahlen werden als Normvorgaben verwendet, zum Beispiel Return on Investment, Marktanteil oder Kundenzufriedenheit) und
3. *Dokumentationsfunktion* (Speichern von Plan- und Istgrößen).

9.1 Idealtypische Grundstruktur eines aufgabenorientierten Marketingkennzahlensystems

Die nachfolgenden Ausführungen beschreiben eine idealtypische Grundstruktur (Abbildung 24), auf deren Basis für einen Geschäftsbereich ein situationsgerechtes, integriertes Marketingkennzahlensystem entworfen werden kann (für einen Überblick über weitere Kennzahlensysteme siehe Reinecke 2004).

Abbildung 24   Aufgabenorientiertes Marketingkennzahlensystem – idealtypische Struktur

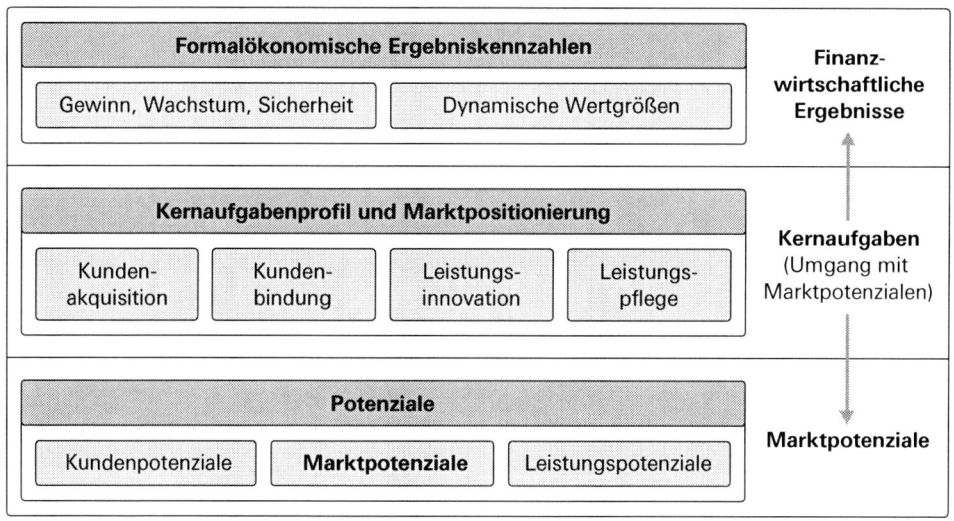

Quelle: Reinecke 2004, S. 384.

1. Finanzwirtschaftliche Ergebniszahlen	Die *erste Ebene* des Gesamtkennzahlensystems umfasst die *zentralen finanzwirtschaftlichen Ergebniskennzahlen*. Diese messen, inwiefern die festgelegten Gewinn-, Wachstums- und Sicherheitsziele eines Unternehmens beziehungsweise Geschäftsbereichs erreicht wurden. Diese formalökonomischen Ergebniskennzahlen werden im Rahmen des sogenannten Kernaufgabenprofils konkretisiert: Dabei wird definiert und gemessen, in welchen Aufgabenbereichen (Kundenakquisition und -bindung, Leistungsinnovation und -pflege) profitables Wachstum anzustreben ist beziehungsweise erzielt wurde.
2. Umgang mit Kunden- und Leistungspotenzialen	Da finanzielle Kenngrößen allein weder inhaltliche Marketingresultate wiedergeben noch Strategien operationalisieren können, wird auf der *zweiten Stufe* der Umgang mit Kunden- und Leistungspotenzialen dargestellt. Dabei sind insbesondere die Schlüsselkennzahlen der Marktpositionierung als nicht monetäre Ziel- und Ergebnisgrößen von Bedeutung. Die *aufgabenbezogene Ebene* definiert und konkretisiert die Marketingstrategie.
3. Bewertung von Marktpotenzialen	Die *dritte Ebene* im Kennzahlensystem bewertet die für das Marketing zentralen Marktpotenziale. Der Umgang mit Marktpotenzialen (2. Ebene) schlägt sich nicht nur in den finanzwirtschaftlichen Ergebnissen (1. Ebene) nieder, sondern wirkt sich auch auf die Potenziale selbst (3. Ebene) aus. Diese Auswirkungen von Veränderungen des Marken- und Kundenwerts sind zu berücksichtigen, um die langfristige Marketingeffektivität sicherzustellen (Maul 2000, S. 530 und Ambler 2003, S. 7).

9.1.1   Finanzwirtschaftliche Ergebniskennzahlen als erste Ebene des Kennzahlensystems

Für erwerbswirtschaftliche Unternehmen kann (vereinfacht) eine Ausrichtung auf den dynamisierten Unternehmensgewinn bzw. -wert als angemessen und gerechtfertigt gelten. Dabei wird zwischen den formalökonomischen Ergebniskennzahlen und dem sogenannten Kernaufgabenprofil unterschieden.

Die *formalökonomischen Ergebniskennzahlen* erfüllen als Schlüsselkennzahlen die Funktion einer Komplexitätsreduktion. Ferner übernehmen sie die Koppelungsfunktion zwischen dem Marketingkennzahlensystem und dem unternehmensweiten Controlling. Klassische finanzwirtschaftliche Kennzahlensysteme fokussieren häufig auf Kapitalrentabilitätsgrößen, beispielsweise auf die Eigenkapitalrentabilität oder den Return on Investment wie beim DuPont-System of Financial Control. Bei einer funktionalen Sichtweise auf Marketing und Verkauf sind solche Größen allerdings weitgehend ungeeignet, weil sich marketingspezifische Kapital- und Vermögensgrößen kaum nach den Gesichtspunkten der Zurechenbarkeit und Kontrollierbarkeit ermitteln sowie sinnvoll zu Marketingergebnisgrößen in Beziehung setzen lassen (Kiener 1980, S. 168 und Köhler 1993, S. 288).

Profitabilität, Wachstum und Sicherheit als Zielkategorien

Sowohl Marketingwissenschaftler als auch Führungskräfte haben versucht, die «optimale» finanzwirtschaftliche Spitzenkennzahl zu finden. Da aber jede Kennzahl immer ein Modell ist, und jedes Modell immer eine vereinfachte Darstellung der Realität ist, kann es nicht die eine, optimale Kennzahl geben. Insbesondere Kennzahlen wie «Return on Investment» oder «Return on Marketing werden in der Literatur in der Regel heftig kritisiert (siehe Ambler/Roberts 2006). Bewährt hat sich in der Marketingwissenschaft (Diller 2001, S. 6) die Unterscheidung der Zielkategorien Gewinn beziehungsweise *Profitabilität*, *Wachstum* und *Sicherheit* beziehungsweise Risikominimierung. Diese Ziele sind zum Teil komplementär, zum Teil aber auch konfliktär. Somit sind Zielpriorisierungen und -gewichtungen erforderlich. So verfolgen beispielsweise Aktiengesellschaften andere Zielsysteme als Personengesellschaften; dies wirkt sich deutlich auf die verwendeten Marketingkennzahlen aus. Wachstum gilt für börsennotierte Kapitelgesellschaften häufig als Leitmotiv der Unternehmensentwicklung, während Personengesellschaften die Risikominimierung stärker gewichten. Im Bereich Marketing und Verkauf fokussieren Unternehmen häufig stärker auf Wachstumsgrößen wie Umsatz oder Absatz als auf gewinn- und rentabilitätsorientierte Kennzahlen (Reinecke 2004, S. 136).

Abbildung 25 fasst einige zentrale Kenngrößen der drei Zielkategorien zusammen; dabei wurde insbesondere auf jene Spitzenkennzahlen zurückgegriffen, die in der Realität häufig zum Einsatz kommen (Reinecke 2004, S. 142 ff.). Der Deckungsbeitrag erfüllt in diesem Zusammenhang eine zentrale Schnittstellenfunktion (Becker 2001, S. 61).

Abbildung 25   Ausgewählte formalökonomische Ergebniskennzahlen

Gewinn	• Güterwirtschaftliche Ergebniszielorientierung (Einperiodenbetrachtung): *Erfolg* (Saldo aus Ertrag und Aufwand), *kalkulatorischer Gewinn* (Saldo aus Erlösen und Kosten), *Ergebnisbeitrag des Marketing-, Verkaufs- bzw. Geschäftsbereichs* (Deckungsbeitrag abzüglich Fixkosten) • Relative Betrachtung im Verhältnis zum eingesetzten Kapital: *Return on Investment, Gesamtkapitalrentabilität* (Return on Assets, ROA) oder *Eigenkapitalrentabilität* (Return on Equity, ROE) • Relative Betrachtung im Verhältnis zum erzielten Umsatz: *Umsatzrentabilität*, ggf. auch beschränkt auf Marketingbereich (Verhältnis von Marketingdeckungsbeitrag zu Umsatz) (Kiener 1980, S. 169 f. und Palloks 1991, S. 247 ff.) • *Wertmäßige Wirtschaftlichkeit* (Verhältnis von Ertrag zu Aufwand)
Wachstum	• *Umsatz(-wachstum), wertmäßiger Marktanteil:* absolut, relativ zur Branche beziehungsweise zum Hauptwettbewerber • *Absatz(-wachstum), mengenmäßiger Marktanteil:* absolut, relativ (Branche oder Hauptwettbewerber) • *Kapitalumschlag:* Verhältnis Nettoumsatz zu Gesamtkapital • *Umschlagkoeffizient:* Verhältnis Nettoumsatz zu Lagerbestand
Sicherheit	• *Debitorenanalyse:* Debitorenverluste, -bestand, Kreditfrist in Tagen • *Liquiditätsgrade:* Barliquidität, Quick Ratio, Current Ratio, • *Einnahmeliquidität:* Verhältnis von Liquidität zu Einnahmen • *Unabhängigkeit:* Verschuldungsgrad bzw. Eigenfinanzierungsgrad

Quelle: Reinecke 2004, S. 247.

Die Kennzahlen der drei Zielkategorien werden nicht zuletzt aufgrund ihres statischen Charakters häufig kritisiert (Reichmann 1997, S. 358). In der Theorie hat sich der *Cashflow* als Gradmesser sowohl für die Beurteilung der Finanz- als auch der Ertragslage durchgesetzt (Horváth 2006, S. 425). Der diskontierte Cashflow integriert alle drei Zielkategorien sowie den Faktor Zeit: Er ist fokussiert auf einen abdiskontierten Überschuss (Gewinn; beispielsweise Wöhe 2008, S. 204), berücksichtigt dabei aber das Wachstum als Werttreiber. Das Ziel der Risikominimierung beziehungsweise Sicherheit spiegelt sich insbesondere in dem gewählten Zinssatz sowie den Wahrscheinlichkeiten der zugrunde liegenden Basisannahmen wider. Es erscheint somit sinnvoll, im Marketing den aus dem operativen Geschäft erwirtschafteten Cashflow stärker als Zielgröße zu gewichten.

Folgende Aspekte bezüglich marketingrelevanter finanzwirtschaftlicher Kennzahlen sollen betont werden:

1. Das Festlegen und die Priorisierung der übergeordneten Unternehmensziele (Wachstum, Gewinn und Sicherheit) beeinflusst die Wahl der (Marketing-)Spitzenkennzahlen maßgeblich.

2. Die formalökonomischen Spitzenkennzahlen sollten das Zielsystem widerspiegeln. Aus empirischen Ergebnissen (Reinecke 2004, S. 134 ff.) lässt sich der Schluss ziehen, dass in der Regel Gewinn- und Sicherheitsziele stärker als bisher in die Kennzahlensysteme zu integrieren sind. Wachstumsziele werden in der Regel bereits umfassend berücksichtigt.

Abbildung 26   Analyse des Kernaufgabenprofils

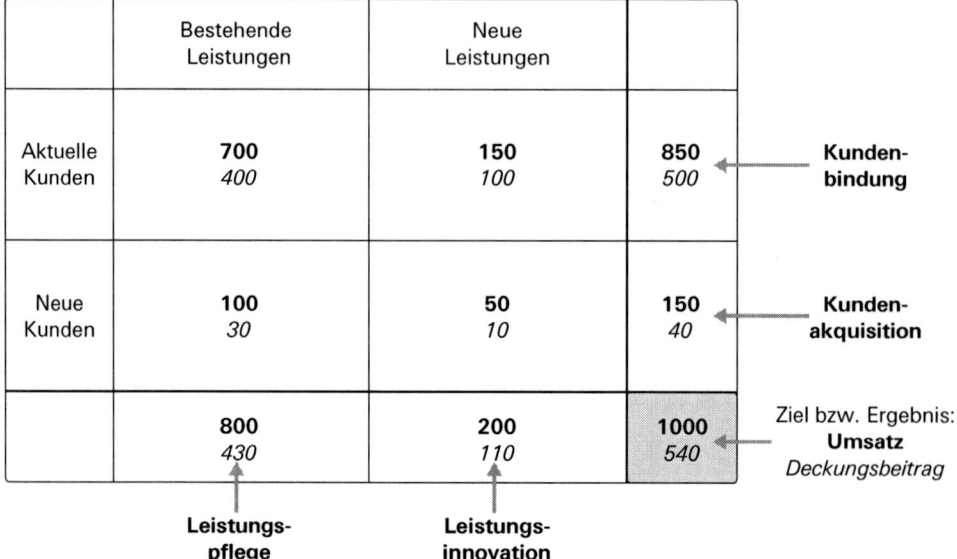

	Bestehende Leistungen	Neue Leistungen		
Aktuelle Kunden	700 *400*	150 *100*	850 *500*	**Kundenbindung**
Neue Kunden	100 *30*	50 *10*	150 *40*	**Kundenakquisition**
	800 *430*	200 *110*	1000 *540*	Ziel bzw. Ergebnis: **Umsatz** *Deckungsbeitrag*
	Leistungspflege	**Leistungsinnovation**		

Quelle: Reinecke 2004, S. 253.

Das *Kernaufgabenprofil* dient als «Scharnier» zwischen den formalökonomischen Größen einerseits und den psychografischen Kenngrößen des Kaufverhaltens andererseits: Letztere sind wichtiger Dreh- und Angelpunkt für das Marketing. Die Verknüpfung erfolgt über eine aus Marketingsicht zentrale Größe: die realisierten Käufe (als Ergebnis des komplexen Kaufverhaltens) beziehungsweise die Verkäufe (als Treiber von Wachstum und Gewinn).

Das angestrebte Kernaufgabenprofil eines Unternehmens gibt an, welche der vier Kernaufgaben (Kundenakquisition, -bindung, Leistungsinnovation und -pflege) im Zentrum der Marketingplanung stehen sollten (ausführlich Kuß/Tomczak/Reinecke 2007, S. 130 ff.). Es kann beispielsweise mithilfe einer Umsatz- und einer Deckungsbeitragsanalyse geplant und kontrolliert werden. Das Beispiel in Abbildung 26 zeigt das typische Kernaufgabenprofil eines sogenannten Potenzialausschöpfers, bei dem sowohl der Großteil des Umsatzes als auch ein noch größerer Teil des erwirtschafteten Deckungsbeitrags auf den Verkauf bestehender Marktleistungen (Leistungspflege) an bisherige Kunden (Kundenbindung) entfallen.

Das Kernaufgabenprofil kann durch *ergänzende Kenngrößen* präzisiert werden: So sind auf der Leistungsebene beispielsweise Absatz- beziehungsweise Mengenverhältnisgrößen (Neuproduktabsatz im Verhältnis zum Stammproduktabsatz), auf der Kundenebene Verhältnisgrößen wie die Relation von Neu- zu Stammkunden möglich.

9.1.2 Aufgabenbezogene Kennzahlenmodule als zweite Ebene des Kennzahlensystems

Ohne ein strategisches Fundament sind wertorientierte Kenngrößen bedeutungslos. Die formalökonomischen Kenngrößen müssen daher durch marketingbezogene Schlüsselkennzahlen ergänzt werden. Im Gegensatz zu den formalökonomischen Zielen sind bei den psychografischen Marketingkennzahlen formalmathematische Analysen nicht sinnvoll, weil sich die dahinter stehende Komplexität des Kaufverhaltens nicht «berechnen» lässt (Köhler 1981, S. 280, Meffert/Burmann/Kirchgeorg 2008, S. 21 und Becker 2001, S. 64). Es lassen sich zwei Kennzahlenbereiche unterscheiden:

a) Übergreifende Schlüsselkennzahlen der Marktpositionierung

Schlüsselkenn-
zahlen der
Marktpositio-
nierung

Auf übergeordneter Ebene müssen Kennzahlen für den grundsätzlichen Umgang mit Kunden- und Leistungspotenzialen definiert werden. Diese nicht monetären Kennzahlen operationalisieren somit die inhaltliche Marketingstrategie und drücken insbesondere die (angestrebte) *Marktpositionierung* aus. Gemeinsam kennzeichnen diese Marketingziele jene anzustrebenden Vorzugszustände (Meffert/Burmann/Kirchgeorg 2008, S. 21), die durch den Einsatz von Marketinginstrumenten erreicht werden sollen. Bei der entsprechenden Operationalisierung der Positionierungsgrößen nach Inhalt, Ausmaß und Zeit ist immer der Bezug zum relevanten Markt wichtig (Meffert/Burmann/Kirchgeorg 2008, S. 247 f. und Steffenhagen 2008, S. 60 f.). Diese *nicht monetären Marketingschlüsselkennzahlen* (Abbildung 27) werden insbesondere durch die strategische Grundausrichtung des Unternehmens beeinflusst (Kuß/Tomczak/Reinecke 2007, S. 121 ff.). Ein allgemeingültiger Katalog ist nicht möglich.

Abbildung 27 Auswahl zentraler Schlüsselkennzahlen der Marktpositionierung

	Kennzahl	Operationalisierung
Marktanteile	Mengenmäßig	Anteil des eigenen Absatzes an der Gesamtabsatzmenge aller Anbieter im relevanten Markt
	Wertmäßig	Anteil des eigenen Umsatzes am Gesamtumsatz aller Anbieter im relevanten Markt
	Feldanteil	Anteil der Zahl der eigenen Kunden an der Gesamtzahl der Bedarfsträger (beziehungsweise der angestrebten Kunden)

	Kennzahl	Operationalisierung
Preisstellung	Erzielter relativer Preis bzw. Preispremium	Verhältnis des wertmäßigen zum mengenmäßigen Marktanteil
	Preisbandeinhaltung (mengenmäßig)	Anteil des innerhalb des angestrebten Preisbands erzielten Absatzes am eigenen Absatz
	Preisbandeinhaltung (wertmäßig)	Anteil des innerhalb des angestrebten Preisbands erzielten Umsatzes am eigenen Umsatz
Marktdurchdringung	Numerischer Distributionsgrad	Anteil der Zahl der markenführenden Geschäfte an der Gesamtzahl aller die entsprechende Warengruppe führenden Geschäfte
	Gewichteter Distributionsgrad	Umsatzanteil der markenführenden Geschäfte am Gesamtumsatz aller die entsprechende Warengruppe führenden Geschäfte
Bekanntheit	Ungestützter Bekanntheitsgrad (Recall)	Anteil der Zielkunden, die die eigene Marke spontan nennen
	Gestützter Bekanntheitsgrad (Recognition)	Anteil der Zielkunden, die die eigene Marke wiedererkennen
Imageposition	(Marken-)Sympathie	prozentualer Anteil der Kunden im relevanten Markt, die das eigene Unternehmen bzw. die eigene Marke als sympathisch einstufen
	(Marken-)Status	Verhältnis von Bekanntheit, (Marken-)Sympathie und (Marken-)Verwendung
	(Marken-)Image	Art und Ausprägung der (Qualitäts-Eigenschaften und Kompetenzen, die mit dem Unternehmen, der Marke oder den Leistungen verbunden werden
Kundenzufriedenheit	Kundenzufriedenheitsindex	Anteil der Kunden, die mit dem Unternehmen bzw. der Marke oder Leistung (sehr) zufrieden sind
	relative Kundenzufriedenheit	eigener Kundenzufriedenheitsindex in Relation zum Kundenzufriedenheitsindex des Hauptkonkurrenten

Quelle: Reinecke 2004 , S. 258 in Anlehnung an Becker 2001, S. 65 ff.

b) Aufgabenorientierte Kennzahlenmodule

Kennzahlen für Kunden-
akquisition,
-bindung,
Leistungs-
innovation
und -pflege

Neben den Schlüsselkennzahlen der Marktpositionierung können *Kennzahlen für die vier Kernaufgaben Kundenakquisition und -bindung, die Leistungsinnovation und -pflege* definiert werden (ausführlich Reinecke 2004, S. 255 ff.). Diese versuchen die Frage zu beantworten, warum ein Unternehmen bezüglich der jeweiligen Kernaufgabe besonders erfolgreich ist beziehungsweise welche Maßnahmen geeignet sein könnten, damit die Kernaufgabe erfolgreich bewältigt werden kann.

Um eine gewisse Grundstruktur zu gewährleisten, ist es für jede der vier Kernaufgaben erforderlich, ein (einfaches) Modell zugrunde zu legen, dass es ermöglicht, Ursache-Wirkungsanalysen durchzuführen. So kann beispielsweise die vereinfachte (kritisch: Reinartz/Krafft 2001) grundsätzliche *Wirkungskette der Kundenbindung* wie folgt zusammengefasst werden: Maßnahmen des Kundenbindungsmanagements führen zu Kundenzufriedenheit, Kundenzufriedenheit führt über positive Kundenverhaltensabsichten (Zeithaml/Berry/Parasuraman 1996a, S. 33 und Helm 1995, S. 29) zu Kundenbindung und Kundenbindung zu ökonomischem Erfolg (Homburg/Bruhn 2008, S. 10). Für eine Beurteilung der Kundenbindungsstärke ist somit eine Analyse der Kundenbindungsmaßnahmen (Prozesse zwischen Unternehmen und Kunde) sowie eine *intentionale Effektivitätskontrolle* (Indikatoren für das nur indirekt messbare beabsichtigte Kaufverhalten) und eine *faktische Effektivitätskontrolle* (Messung des tatsächlichen Kaufverhaltens) erforderlich (Abbildung 28) (Diller 1996 und Homburg/Bruhn 2008, S. 27). Ergänzend sind Kennzahlen zu berücksichtigen, die die Kundenstruktur messen.

Abbildung 28   **Ausgewählte Kennzahlen zur Messung der Kundenbindungsstärke**

Prozesse	• *Kontaktintensität:* Anzahl der Kontakte mit Stammkunden während einer definierten Periode • *Offertgeschwindigkeit:* durchschnittliche Dauer der Offerterstellung • *Anzahl Offerten:* Anzahl der für Stammkunden abgegebenen Offerten • *Perfect Response:* Anteil bzw. Anzahl der Kundenanfragen, die vom Unternehmen unmittelbar beantwortet werden (können) • *Verfügbarkeit bzw. Distributionsgrad:* Präsenz der Marktleistungen zu dem vom Kunden gewünschten Termin und am gewünschten Ort • *Perfect Order:* Anteil bzw. Anzahl der Lieferungen, die zum vom Kunden gewünschten Termin vollständig und korrekt ausgeliefert wurden (Liefermenge, -qualität, -ort, -zeit und -rechnung korrekt)
Einstellung	• *(Relative) Kundenzufriedenheit:* Vergleich der Kundenerwartungen mit den subjektiv wahrgenommenen Leistungen (im Konkurrenzvergleich) • *Vertrauen:* Kundenwahrnehmung von Anbieterkompetenz und der Wahrscheinlichkeit, dass dieser auf opportunistisches Verhalten verzichtet • *Wahrgenommene Abhängigkeit:* Einschätzung der Abhängigkeit von einem Anbieter aus Kundensicht • *Wahrgenommene Preisgünstigkeit:* Einschätzung der Preisgünstigkeit der Angebote aus Sicht der Stammkunden • *Wahrgenommenes Preis-/Leistungsverhältnis:* wahrgenommene Preiswürdigkeit der Angebote aus Sicht der Stammkunden

Verhaltens-absichten	• *Kooperationsbereitschaft:* Bereitschaft des Kunden, mit dem Anbieter zu kooperieren (beispielsweise im Rahmen der Produktentwicklung) • *Commitment bzw. Wiederkaufabsicht:* Absicht der eigenen Kunden, beim Anbieter erneut zu kaufen • *Weiterempfehlungsbereitschaft bzw. -absicht:* (grundsätzliche) Bereitschaft bzw. tatsächliche Absicht der eigenen Kunden, den Anbieter weiterzuempfehlen • *Wechselbereitschaft:* (grundsätzliche) Bereitschaft der eigenen Kunden, den Anbieter zu wechseln • *Wechselabsicht:* Absicht der eigenen Kunden, den Anbieter zu wechseln
Kunden-verhalten (außer Kauf)	• *Kontakthäufigkeit:* Anzahl der kundeninitiierten Kontakte pro Zeiteinheit (per Telefon, per E-Mail, Besuche auf Webseite usw.; Ladenbesuche) • *Beschwerde- bzw. Reklamationsanzahl:* Zahl der Beschwerden in einer Periode (ggf. aufgeschlüsselt nach Beschwerdearten) • *Weiterempfehlungen:* Anzahl der Weiterempfehlungen in einer Periode t
(Kauf-) Verhalten	• *Umsatz pro Kauf:* durchschnittlicher Kaufbetrag von Stammkunden • *Kaufintensität:* Anzahl der Käufe pro Zeiteinheit • *Wiederkaufrate:** Anteil der Kunden am Gesamtkundenstamm, die Wiederkäufe getätigt haben *oder* Anteil des Umsatzes mit vorhandenen Kunden (mit mindestens einem Wiederkauf) am Gesamtumsatz • *Auftragsquote:** Aufträge in Relation zu Anfragen bei Stammkunden • *Relative Zeitdauer seit letztem Kauf:* Zeitdauer seit dem letztem Kauf bzw. erwartete durchschnittliche Zeitdauer bis zum Wiederkauf • *(Gewichtete) Kundenbindungsrate:** Anteil der Kunden aus t_0, die in t_1 noch Kunde sind (pro Jahr oder nach Alter der Beziehung) (ggf. gewichtet nach Umsatz oder Deckungsbeitrag) • *Angepasste Kundenbindungsrate:** Kundenbindungsrate, die um die nicht beeinflussbare Kundenabwanderung korrigiert wird (z. B. Todesfälle) • *(Gewichtete) Kundenabwanderungsrate:** Anteil der Kunden aus t_0, die in t_1 nicht mehr Kunde sind (= Kundenfluktuationsrate bzw. «attrition rate» im Finanzdienstleistungs- oder «churn rate» im Telekommunikationsbereich) (ggf. gewichtet nach Umsatz oder Deckungsbeitrag) • *Kundenhalbwertszeit:** Zeitdauer, nach der die Hälfte aller neu akquirierten Kunden das Unternehmen wieder verlassen hat (bzw. haben würde) («Drehtürgeschwindigkeit») • *Rückgewinnungsrate:** Anteil der zurückgewonnenen Kunden an der Gesamtzahl der kontaktierten abgewanderten Kunden • *Rabattanteil am Umsatz:* durchschnittliche Rabattgewährung am Umsatz mit Stammkunden • *(Gewichtete) Stornoquote bei Stammkunden:** Anteil der stornierten Aufträge von Stammkunden an allen Aufträgen (ggf. umsatzgewichtet) • *Kundendurchdringungsrate:* Anteil der Bedarfsdeckung des Kunden beim Anbieter in Relation zum (geschätzten) Gesamtbedarf des Kunden (= Share of Wallet, Kundenanteil, Kundenpenetrationsrate) • *Relative Kundendurchdringungsrate:* Anteil der Bedarfsdeckung des Kunden beim Anbieter in Relation zum Anteil des größten Konkurrenten • *Cross Buying-Rate:* Zusatzkäufe nach Anzahl/Art, Umsatz pro Zeiteinheit • *Erschließungsgrad:** Zahl der eigenen Kunden im Verhältnis zur Zahl potenziell möglicher Nachfrager

Finanzwirt-schaftliches Ergebnis	• *Umsatz mit Stammkunden:* erzielter Umsatz mit Nichtneukunden • *Kundendeckungsbeitrag mit Stammkunden:* erzielter Kundendeckungs-beitrag mit Kunden, die bereits einmal gekauft haben • *Stammkundenanteil am Umsatz:** Anteil des Umsatzes mit Nichtneukun-den am Gesamtumsatz • *Stammkundenanteil am Deckungsbeitrag:** Anteil des Deckungsbeitrags mit Nichtneukunden am Deckungsbeitrag aller Kunden • *Forderungsausfall:* Höhe bzw. Anteil der Forderungsausfälle am Umsatz mit Stammkunden

*Kennzahl ist ausschließlich auf aggregierter Ebene sinnvoll.

Quelle: Reinecke 2004, S. 282, dort angelehnt u.a. an Dittrich 2002, S. 204.

Abbildung 29 fasst die vereinfachte Ursache-Wirkungskette mit ausge-wählten Kenngrößen der verschiedenen Ebenen zusammen. Diese können noch ergänzt werden mit Kennzahlen zur Messung der Kundenstruktur (bspw. Zielkundenanteil, Aktionskundenanteil, durchschnittliches Poten-zial der Stammkunden) sowie ausgewählten, in der Regel anspruchsvollen Effizienzgrößen (bspw. Kundeneffizienz: Kundendeckungsbeitrag im Ver-hältnis zur Inanspruchnahme einer definierten Engpasskapazität).

Fokussierung erforderlich

Zu betonen ist jedoch, dass es in der Regel nicht darum geht, die Prozesse möglichst vollständig abzudecken, sondern dass eine *Fokussierung auf wenige Kennzahlen* erfolgen sollte, die möglichst verschiedene Aspekte der zugrunde gelegten Wirkungskette abdecken und für das jeweilige Unternehmen geeignete Steuerungsgrößen sind.

Abbildung 29   Wirkungskette zur Messung der Kundenbindungsstärke

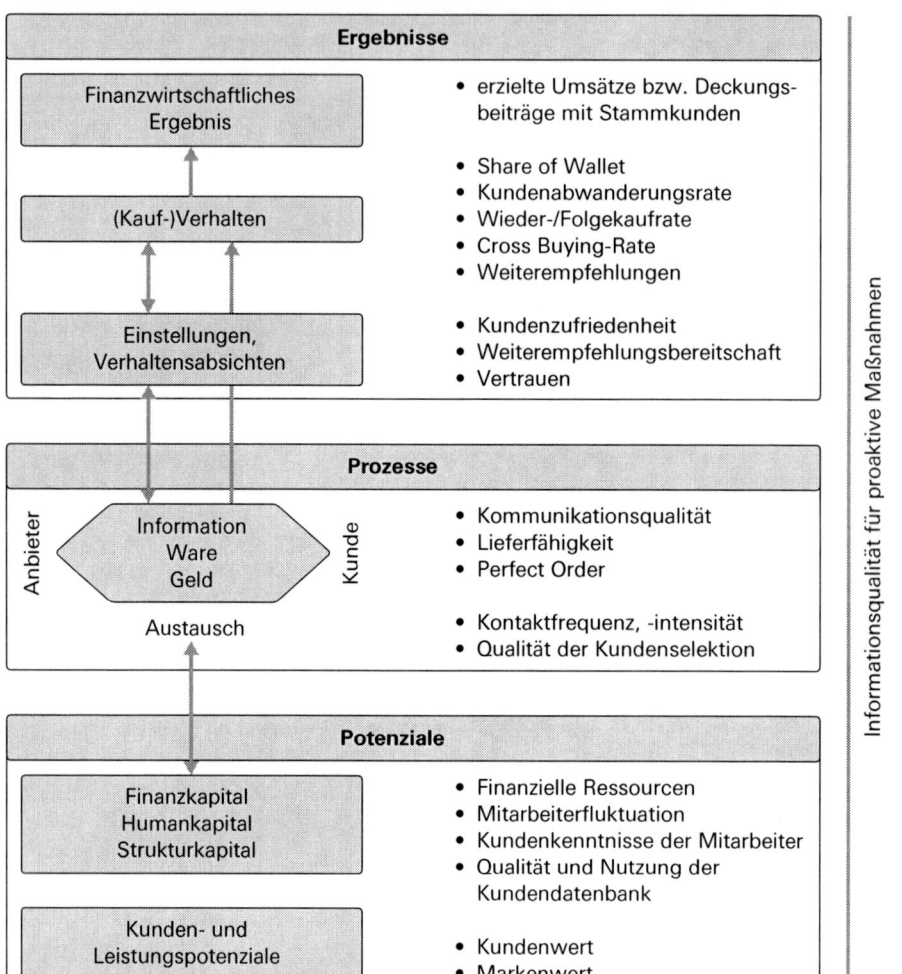

Quelle: Reinecke 2004, S. 288, dort angelehnt an Dittrich 2002, S. 198.

Die aufgabenbezogenen Kenngrößen operationalisieren die Marketing-
und Positionierungsstrategie; letztere wird durch Kennzahlenauswahl, -pri-
orisierung und -definition konkretisiert. Ein Marketingkennzahlensystem
ist unternehmens- und somit situations- und strategiespezifisch. So haben
beispielsweise nicht alle Kernaufgaben für jedes Unternehmen die gleiche
Bedeutung; vielmehr hängt es von der Marktsituation und von den eigenen
Kompetenzen ab, ob sich ein Unternehmen beispielsweise eher auf die
Kundenakquisition oder auf die Kundenbindung fokussieren will. Daher ist
es nicht sinnvoll, für die vier Kernaufgaben allgemeingültige «generische
Kennzahlenmodule» vorzuschlagen. Ausdrücklich warnt Klingebiel (2000a,
S. 304 ff.) vor einer solchen «One size fits all»-Mentalität, die sich bei-
spielsweise in der Balanced-Scorecard-Diskussion abzeichnet; vielmehr
muss ein solches System auf die jeweilige Situation maßgeschneidert sein

(für zahlreiche unternehmensspezifische Beispiele Reinecke 2004 und Reinecke/Geis 2004).

Abbildung 30 zeigt eine mögliche aufgabenorientierte Kennzahlenselektion für ein Industriegüterunternehmen, das über ein Direktverkaufssystem verfügt, als «Mehrkämpfer» agiert und somit alle Kernaufgaben stark gewichtet. Die ausgewählten Kennzahlen versuchen, die dargestellten grundsätzlichen Ursache-Wirkungszusammenhänge und sowohl Effektivitäts- als auch Effizienzaspekte zu berücksichtigen. Die Kennzahlen sind jeweils klar zu operationalisieren.

Abbildung 30   **Aufgabenorientierte Kennzahlen am Beispiel eines «Mehrkämpfers»**

Kundenakquisition	**Kundenbindung**
• Durchschnittlicher Umsatz beim Erstkauf • Anzahl Neukunden • Angebots- bzw. Offerterfolgsquote • Kontaktfrequenz • Verkäuferqualifikation	• Kundenmigrationsquote • Share of Wallet • Wiederkaufabsicht • Relative Kundenzufriedenheit • Mitarbeiterzufriedenheit
Leistungsinnovation	**Leistungspflege**
• Anzahl eingeführter Leistungsinnovationen • Durchschnittliche Time to Market • Innovationserfolgsrate • Kundenakzeptanzindex der Innovationen	• Ungestützter Bekanntheitsgrad • (Marken-)Imageindex • Verfügbarkeit / gewichteter Distributionsgrad • Marktanteilsveränderungen

Quelle: Reinecke/Janz 2007, S. 357.

9.1.3   Bewertung von Marktpotenzialen als dritte Ebene des Kennzahlensystems

Kunden- und Markenwert

Sollen alle Maßnahmen darauf ausgerichtet werden, *Marktpotenziale* zu erschließen oder auszuschöpfen, müssen folgerichtig diese Potenziale bewertet werden, um dadurch die langfristige Effektivität aller Marketingmaßnahmen zu messen. So ist beispielsweise die Berechnung eines *aggregierten Kundenwerts* im Sinne eines Customer Equity prinzipiell möglich, aufgrund der Vielzahl an Einflussfaktoren jedoch aufwendig und unsicher. Es empfiehlt sich daher, diesen als langfristige strategische Größe und insbesondere in Fällen wie der Akquisition oder dem Verkauf eines Geschäftsbereichs zu erheben. Für das operative Management empfehlen sich dagegen beispielsweise Kundenflussrechnungen als Saldogrößen zur Bewertung von Kundenakquisitions- und Kundenbindungsmaßnahmen; ferner sind zielgruppenspezifische Kundenwertberechnungen für die Steuerung von Kundenselektion und -bearbeitung sinnvoll (Reinecke 2004, S. 341 ff.).

9.2 Integration des Marketingkennzahlensystems in den Führungsprozess

Nachfolgend steht die Frage im Mittelpunkt, wie sich ein solches Marketingkennzahlensystem in den Willensbildungsprozess integrieren lässt, damit ein wirksamer Führungszyklus sichergestellt werden kann. Fünf zentrale Aspekte stehen im Mittelpunkt:

Mehr als Kontrolle

1. Ein Marketingkennzahlensystem dient nicht ausschließlich der Kontrolle. Vielmehr entfaltet es seine Wirksamkeit nur, wenn es mit der *Marketingplanung* und somit auch der *Marketingbudgetierung* gekoppelt wird.

Stellen- und Benutzerbezug

2. Damit ein aufgabenorientiertes Marketingkennzahlensystem organisations- und benutzergerecht sein kann, sind *unterschiedliche Perspektiven* auf ein integriertes System erforderlich. Kennzahlen sollten grundsätzlich stellenspezifisch aufbereitet werden, weil nicht nur Zielvorgaben, sondern auch sachlicher und zeitlicher Bezugsrahmen von Entscheidungssituationen daran geknüpft sind (Gritzmann 1991, S. 47 f.). So ist im Marketing beispielsweise häufig zwischen einer Verkaufs-, einer Produkt- und einer Kundensicht zu unterscheiden, die sich in unterschiedlichen Zielen für verschiedene Stellen niederschlagen. Letztlich hat ein aufgabenorientiertes Marketingkennzahlensystem einen *Kompromiss zwischen Integration und Stellenspezifität* zu gewährleisten. Hierbei empfiehlt sich ein Rückgriff auf die *Grundprinzipien des Konzepts selektiver Kennzahlen* (Weber et al. 1997). Das aufgabenorientierte Kennzahlensystem umfasst die übergeordneten Größen; daraus werden jeweils wenige Größen als Top-down-Vorgaben ausgewählt, die für die konkreten Marketing- und Verkaufsstellen besonders relevant sind. Ergänzend wäre der jeweilige Stelleninhaber dafür verantwortlich, bottom-up weitere geeignete Treibergrößen zu bestimmen, die ihm dabei helfen, die vorgegebenen Kennzahlen zu erreichen (siehe Abbildung 31). Im Mittelpunkt steht dabei, dass der jeweilige Mitarbeiter tatsächlich einen individuellen Nutzen in dem System erkennt, beispielsweise Entlastung von Routineaufgaben, aktuelleres Kundenwissen, Zeitersparnis oder verbesserte Prognosemöglichkeiten.

Abbildung 31   Konstruktionsprinzip stellenspezifischer Kennzahlensysteme

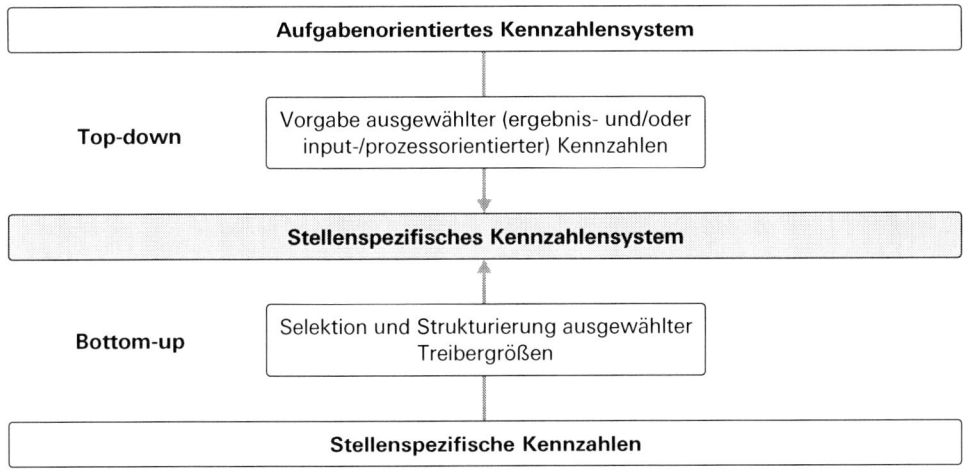

Quelle: Reinecke 2004, S. 406.

Visualisierung
als Cockpits

3. Das *Informations- und Berichtswesen* sollte an das Kennzahlensystem geknüpft sein. Ein nützliches Berichtswesen verdichtet die Informationen inhaltlich (z.B. Konkurrenzbezug) und zeitlich in geeigneter Form. Treibergrößen sollten grundsätzlich häufiger, trägere Ergebnisgrößen seltener berichtet werden (Hronec 1996, S. 161). Des Weiteren stellt es eine adäquate visuelle Präsentation der Informationen sicher (Horváth 2006, S. 590): Fokus, Übersichtlichkeit und Trenderkennung sind wesentliche Chancen solcher *«Cockpits»*, die bei einer einseitigen, schematischen und lückenhaften Anwendung auch zu Gefahren werden können (Stichwort: Informationsverlust). In jedem Fall ist eine ausreichende Kommentierung sicherzustellen, damit die Berichte auch tatsächlich den Dialog fördern.

Kombination
mit Anreiz-
systemen?

4. *Motivations- und Anreizsysteme* sind mit dem Kennzahlensystem abzustimmen. Die empirischen Untersuchungen zur Frage, ob Kennzahlen mit (monetären) Anreizsystemen zu verbinden sind, kommen zu uneinheitlichen Ergebnissen. Während einige Studien Produktivitätszuwächse von 15 bis 35 Prozent auf die Einführung monetärer Anreizsysteme zurückführen (Lawler 1971, Nalbantian 1987 und Binder 1990), zweifeln andere an deren Wirksamkeit (Berlet/Cravsens 1991, Bevan/Thompson 1991 und Cannel/Wood 1992). Grundsätzlich kann aber Konsens darüber festgestellt werden, dass es eine große Herausforderung ist, ein angemessenes System aufzustellen, das nicht «überlistet» werden und tatsächlich eine motivierende Wirkung entfalten kann (Drucker 1974, S. 340, Schaffer 1991 und Simons 1995, S. 73). Weber und Schäffer (2000, S. 58) warnen davor, dass durch die Verknüpfung eines neuen Kennzahlensystems mit den Anreiz- und Movitationssystemen etwaige Konstruktionsmängel sofort evident und wirksam werden (auch Töpfer 2000, S. 102). Auch sollten die Mitarbeiter stark involviert werden, um Widerstände und Kontrollvorbehalte

gegenüber Kennzahlen abzubauen (Bentz 1983, S. 182 f. und Gritzmann 1991, S. 46).

Integration ins
Gesamtcont-
rolling

5. Ein Marketingkennzahlensystem sollte keine isolierte Insel bilden, sondern vielmehr in ein *unternehmensweites Controllingsystem* integriert sein. Eine empirische Studie belegt, dass das Marketingmanagement in jenen Unternehmen, in denen die Zusammenarbeit zwischen den Bereichen Marketing und Finance kooperativ ist, deutlich zufriedener mit den Marketingkennzahlensystemen ist (Marketing Leadership Council 2001, S. 15).

Ein etwaiges Marketingkennzahlensystem sollte in diesem Fall möglichst mit dem finanzwirtschaftlichen System gekoppelt sein; zumindest ist eine gemeinsame «Sprache» (= Kennzahlendefinitionen) anzustreben. Wenn dagegen das Gesamtunternehmen mit einer Balanced Scorecard (Kaplan/Norton 1996, 2001; ausführlich und kritisch Reinecke 2004, S. 108 ff.) geführt wird, dann macht ein isoliertes Marketingkennzahlensystem keinen Sinn; dies widerspräche der Querschnittsfunktion des Marketings.

9.3 Grenzen von Kennzahlen und Kennzahlensystemen im Marketing

Kennzahlen-
systeme
ersetzen nicht
das gesamte
Controlling

Kennzahlensysteme sind lediglich *ein* Baustein eines umfassenden Controllingsystems (Vollmuth 1987, S. 52); sie ergänzen, aber ersetzen keinesfalls Instrumente wie Deckungsbeitrags- oder Investitionsrechnungen für Neuprodukteinführungen. Gerade im Marketing gibt es zahlreiche Bereiche, die *mit Kennzahlen nur unzureichend abgedeckt* werden können (z.B. Stärken-/Schwächen- oder Gap-Analysen). Der Außendienstbericht eines Verkäufers, der sich gerade mit einem Großkunden getroffen hat, enthält unter Umständen sehr viele wichtige Informationen, die in einem Kennzahlenbericht untergehen (McKinnon/Bruns 1992, S. 204). Ein Dialog kann durch Kennzahlen somit lediglich unterstützt, nicht aber ersetzt werden. Somit hat der Albert Einstein zugesprochene Satz durchaus auch für das Marketing Bedeutung: «Sometimes what counts can't be counted, and what can be counted doesn't count» (Albert Einstein, zitiert nach Schomann 2001, S. 1).

Kennzahlen-
systeme
treffen keine
Entschei-
dungen

Auch können Kennzahlensysteme eine *ungerichtete strategische Überwachung* beziehungsweise eine Frühaufklärung nicht oder lediglich unzureichend gewährleisten (Krystek/Müller-Stewens 1993, S. 59 und S. 81). Ferner sind jedem Kennzahlensystem aufgrund von Kompromissen bezüglich Aktualität, Geltungsbereich, Operationalität und Wirtschaftlichkeit (Galler 1969, S. 274) inhaltliche Grenzen gesetzt.

Kennzahlensysteme treffen keine Entscheidungen und interpretieren sich auch nicht selbstständig. Ob Ziele in zufriedenstellendem Ausmaß erreicht wurden, ist keine Frage der Kennzahlen, sondern eine Frage der *Kennzah-*

leninterpretation; eine solche Interpretation kann ein Kennzahlensystem jedoch nicht vorwegnehmen (Gritzmann 1991, S. 42).

Neben diesen *inhaltlichen Einschränkungen bezüglich der Reichweite* von Kennzahlensystemen ist auf typische Gefahren und *Fehler bei der Arbeit mit Kennzahlen* hinzuweisen. Der Einsatz von Kennzahlen ist durch individuelle Vorbehalte, unterschiedliche Qualifikationen und psychosoziale Phänomene gekennzeichnet. Wurden bereits einmal falsche Schlüsse aus methodisch fragwürdigen oder unklaren Zahlenkombinationen gezogen, so führt dies nicht selten zur Kennzahlenablehnung (Radke 1968, S. 148).

Formale Fehler beim Umgang mit Kennzahlen

Folgende *formale Fehler* lassen sich unterscheiden (Reinecke 2004, S. 433 ff. sowie die dort zitierte Literatur):

- *Konstruktionsmängel* liegen vor, wenn ein Kennzahlensystem (mathematisch oder formal) falsch oder unzweckmäßig ist, das heisst der jeweiligen Entscheidungssituation nicht gerecht wird.
- *Fehler bei der Datenerhebung und -verarbeitung* können auf ungenügende Qualifikation oder Sorgfalt zurückzuführen sein. Ein Bericht ohne ausreichende Validität der Datenerhebung und -verarbeitung stiftet keinen Nutzen (McKinnon/Bruns 1992, S. 200).
- *Anwendungsmängel* zeigen sich oft an dysfunktionalen Effekten (Simons 1995, S. 81 ff.): Beispielsweise werden im Rahmen der Planung «Spielräume» in die Kennzahlen eingesetzt, sodass Ziele auf jeden Fall erreicht werden können. Oder Kennzahlenabweichungen werden «geglättet», das heißt, Berichte werden bezüglich Zeitpunkt und -raum angepasst, ohne dass sich die Beobachtung verändert. Gelegentlich werden auch Berichte manipuliert, indem Ereignisse (bspw. Kundenbeschwerden) nicht mitgeteilt oder «einseitig beeinflusst» werden (bspw. einseitiges Melden positiver, nicht aber negativer Kundenreaktionen). Die Gefahr von Manipulationen steigt, wenn Kenngrößen mit Anreizsystemen gekoppelt werden. *Interpretationsfehler* (Staehle 1973, S. 228, Siegwart 2002, S. 149 und Gritzmann 1991, S. 45:) sind eine weitere Form von Anwendungsmängeln. Kennzahlen bestechen durch quantitative Exaktheit und verleiten daher zu Überreaktionen: Sie führen zu einer «Paralyse durch Analyse» oder dazu, dass man Kennzahlen als getreue Abbildung der Wahrheit sieht – ohne jegliche kritische Distanz (Quelch 1992, S. 4). Dabei wird vernachlässigt, dass Kennzahlen definitionsgemäß einen relevanten Sachverhalt verengen (Weber/Schäffer 2006, S. 167) und niemals vollständig wiedergeben (Eccles/Noriah 1992, S. 169).

Zusammenfassend lässt sich feststellen, dass Kennzahlensysteme kein Selbstzweck sind. Kennzahlen liefern Informationsquellen für Entscheidungen, können und sollen Entscheidungen aber nicht ersetzen (Gaitanides 1979, S. 57). Drucker (1974, S. 208 f.) drückt dies wie folgt aus: «To make a control system take care of exceptions misdirects and undermines both the work process and the control system.»

Literaturverzeichnis/Bibliography

Aaker, D.A./Day, G.S. (1974): A dynamic model of relationships among advertising, consumer awareness, attitudes, and behavior, in: Journal of Applied Psychology, Vol. 59, No. 3, pp. 281–286.

Albers, S. (1998): Regeln für die Allokation eines Marketing-Budgets auf Produkte oder Marktsegmente, in: Schmalenbachs Zeitschrift für betriebswirtschaftliche Forschung, Jg. 50, H. 3, S. 211–235.

Ambler, T. (1998): Why is marketing not measuring up?, in: Marketing (London), 24. September, No. 29, S. 24–25.

Ambler, T. (2000b): Persuasion, Pride and Prejudice: How Ads Work, in: International Journal of Advertising, Vol. 19, No. 3, pp. 299–315.

Ambler, T. (2003): Marketing and the Bottom Line, 2. ed., Upper Saddle River (New Jersey).

Ambler, T./Roberts, J. (2006): Beware the Silver Metric: Marketing Performance Measurement Must Be Multi-Dimensional, Marketing Science Institute Report 06–013, Cambridge (Mass.).

Ames, C. (1968): Marketing Planning for Industrial Products, in: Harvard Business Review, Vol. 46, No. 5, pp. 100–111.

Anthony, R.N./Govindarajan, V. (2003): Management Control Systems, 11th ed., New York et al.

Armstrong, M. (1993): Managing Reward Systems, Buckingham.

Barzen, D. (1990): Marketing-Budgetierung, Frankfurt a. M.

Bauer, H.H./Stokburger, G./Hammerschmidt, M. (2006): Marketing Performance, Wiesbaden.

Becker, J. (2001): Marketing-Konzeption, 7. Aufl., München.

Belz, C. (1998): Akzente im innovativen Marketing, St. Gallen/Wien.

Bentz, S. (1983): Kennzahlensysteme zur Erfolgskontrolle des Verkaufs- und der Marketinglogistik, Frankfurt.

Berthel, J. (1975): Betriebliche Informationssysteme, Stuttgart.

Bevan, S./Thompson, M. (1991): Performance Management at the Cross Roads, in: Personnel Management, Vol. 23, No. 11, pp. 36–39.

Binder, A.S. (1990): Paying for Productivity, Washington DC.

Blattberg, R.C./Deighton, J. (1996): Manage Marketing by the Customer Equity Test, in: Harvard Business Review, Vol. 74, No. 4, pp. 136–144.

Böcker, F. (1988): Marketing-Kontrolle, Stuttgart et al.

Bonoma, T.V. (1984): Making Your Marketing Strategy Work, in: Harvard Business Review, Vol. 72, No. 2, pp. 69–76.

Bonoma, T.V./Clark, B.H. (1988): Marketing Performance Assessment, Boston (Mass.).

Braun, M./Kopka, U./Tochtermann, T. (2003): Promotions – ein Fass ohne Boden, in: akzente, Jg. 27, H. 4, S. 16–23.

Bruhn, M. (2008): Marketing, 8. Aufl., Wiesbaden.

Caduff, T. (1981): Zielerreichungsorientierte Kennzahlennetze industrieller Unternehmungen, Frankfurt a.M.

Cannel, M./Wood, S. (1992): Incentive Pay: Impact and Evolution, London.

Churchill, N.C./Mullins, J. W. (2001): How Fast Can Your Company Afford to Grow?, in: Harvard Business Review, Vol. 79, No. 5, pp. 135–143.

Clark, B.H. (1999): Marketing Performance Measures: History and Interrelationships, in: Journal of Marketing Management, Vol. 15, pp. 711–732.

Cooper, R./Kaplan, R. S. (1991): Activity-Based Costing: Ressourcenmanagement at its best, in: Harvard Business Manager, H. 4, S. 87–94.

Copeland, T./Antikarov, V. (2001): Real Options – A Practioner's Guide, New York (NY).

Cornelsen, J. (2000): Kundenwertanalysen im Beziehungsmarketing, Nürnberg.

Day, G.S. (1999): Misconceptions About Market Orientation, in: Journal of Market-Focused Management, Vol. 4, No. 1, pp. 5–16.

Day, G.S./Fahey, L. (1990): Putting Strategy into Shareholder Value Analysis, in: Harvard Business Review, Vol. 68, No. 2, pp. 156–162.

Day, G.S./Montgomery, D. B. (1999): Charting New Directions for Marketing, in: Journal of Marketing, Vol. 63, Special Issue, pp. 3–13.

Deyhle, A. (1988): Marketing-Controlling – Das Denken vom Kunden her, in: Controller Magazin, Jg. 12, H. 1, S. 15–20.

Diller, H. (1996): Kundenbindung als Marketingziel, in: Marketing ZFP,
Jg. 18, H. 2, S. 81–94.

Diller, H. (2001): Programmstrukturanalyse, Programmanalyse, in: Diller, H. (Hrsg.): Vahlens Großes Marketinglexikon, 2. Aufl., München, S. 1429.

Dittrich, S. (2002): Kundenbindung als Kernaufgabe im Marketing, 2. Aufl., St. Gallen.

Doyle, P. (2000): Value-Based Marketing, in: Journal of Strategic Marketing, No. 8, pp. 299–311.

Doyle, P./Saunders, J. (1990): Multiproduct Advertising Budgeting, in: Marketing Science, Vol. 9, No. 2, pp. 97–113.

Drucker, P. (1974): Management: Tasks, Responsibilities, Practices, New York (Neuaufl. 1999).

Dwyer, F.R. (1997): Customer Lifetime Valuation to Support Marketing Decision Making, in: Journal of Direct Marketing, Vol. 11, No. 4, pp. 6–13.

Eccles, R.G./Noriah, N. with Berkley, J. D. (1992): Beyond the Hype-Rediscovering the Essence of Management, Boston.

Ehrenberg, A.S.C. (1974): Repetitive Advertising and the Consumer, in: Journal of Advertising Research, Vol. 14, No. 2, pp. 25–34.

Farris, P.W./Bendle, N.T./Pfeifer, P.E./Reibstein, D. J. (2006): Marketing Metrics, 50+ Metrics Every Executive Should Master, Upper Saddle River (NJ).

Gaitanides, M. (1979): Praktische Probleme der Verwendung von Kennzahlen für Entscheidungen, in: Zeitschrift für Betriebswirtschaft, Jg. 49, H. 1, S. 57–64.

Galler, E. (1969): Die Kennzahlenrechnung als internes Instrument der Unternehmung, München.

Geiss, W. (1986): Betriebswirtschaftliche Kennzahlen – Theoretische Grundlagen einer problemorientierten Kennzahlenanwendung, Frankfurt a. M. et al.

Gleich, R. (2001): Das System des Performance Measurement, München.

Gritzmann, K. (1991): Kennzahlensysteme als entscheidungsorientierte Informationsinstrumente der Unternehmensführung in Handelsunternehmen, Göttingen.

Hansen, S.C./Van der Stede, W. A. (2004): Multiple facets of budgeting: an exploratory analysis, in: Management Accounting Research, Vol. 15, No. 4, pp. 415–439.

Helm, R. (1995): Strategisches Controlling für den Vertrieb zur Unterstützung der Marketing-Kommunikation, in: Marktforschung & Management, Jg. 39, H. 1, S. 27–32.

Homburg, C./Bruhn, M. (2008): Kundenbindungsmanagement – Eine Einführung in die theoretischen und praktischen Problemstellungen, in: Bruhn, M./Homburg, C. (Hrsg.): Handbuch Kundenbindungsmanagement, 6. Aufl., Wiesbaden, S. 3–376.

Homburg, C./Daum, D. (1997): Marktorientiertes Kostenmanagement, Frankfurt am Main.

Homburg, C./Schnurr, P. (1998): Kundenwert als Instrument der Wertorientierten Unternehmensführung, in: Bruhn, M./Lusti, M./Müller, W.R./Schierenberg, H./Studer, T. (Hrsg.): Wertorientierte Unternehmensführung, Wiesbaden, S. 169–189.

Horváth, P. (1985): Die Aufgaben des Marketing-Controllers, in: Eschenbach, R. (Hrsg.): Marketing Controlling, Österreichischer Controllertag 1985, Wien, S. 7-29.

Horváth, P. (2006): Controlling, 10. Aufl., München.

Hronec, S. (1996): Vital Signs – Indikatoren für die Optimierung der Leistungsfähigkeit Ihres Unternehmens, Stuttgart.

Internationalen Controller Verein e.V. (2007): Leitbild Controller, Gauting.

Janßen, V. (1999): Einsatz des Werbecontrolling, Wiesbaden.

Kaplan, R.S./Norton, D.P. (1996): The Balanced Scorecard, Boston (Mass.).

Keller, K.L. (1998): Strategic Brand Management, Upper Saddle River (NJ).

Kiener, J. (1980): Marketing-Controlling, Darmstadt.

Klingebiel, N. (2000a): Integriertes Performance Measurement, Wiesbaden.

Köhler, R. (1981): Grundprobleme der strategischen Marketingplanung, in: Geist, M./Köhler, R. (Hrsg.): Die Führung des Betriebs, Stuttgart, S. 261–291.

Köhler, R. (1992): Überwachung des Marketing, in: Coenenberg, A.G./Wysocki, K.V. (Hrsg.): Handwörterbuch der Revision, 2. Aufl., Sp. 1269–1284.

Köhler, R. (1993): Beiträge zum Marketing-Management, 3. Aufl., Stutt-gart.

Köhler, R. (2006): Marketing-Controlling: Konzepte und Methoden, in: Reinecke, S./Tomczak, T. (Hrsg.): Handbuch Marketingcontrolling, 2. Aufl., Wiesbaden, S. 39–61.

Kotler, P. (1977): From Sales Obsession to Marketing Effectiveness, in: Harvard Business Review, Nov.–Dec., pp. 67–75.

Kotler, P./Keller K.L. (2006): Marketing Management, 12. ed., Upper Saddle River (N.J.).

Krafft, M./Albers, S. (2000), Ansätze zur Segmentierung von Kunden – Wie geeignet sind herkömmliche Konzepte?, in: Zeitschrift für betriebswirtschaftliche Forschung, Jg. 52, S.515-536.

Krafft, M./Frenzen, H. (2006): Vertriebscontrolling, in: Reinecke, S./Tomczak, T. (Hrsg.): Handbuch Marketingcontrolling, 2. Aufl., Wiesbaden S. 611-639.

Kroeber-Riel, W./Esch, F.-R. (2004): Strategie und Technik der Werbung – Verhaltenswissenschaftliche Ansätze, 6. Aufl., Stuttgart et al.

Kroeber-Riel, W./Weinberg, P. (2003): Konsumentenverhalten, 8. Aufl., München.

Krulis-Randa, J. S. (1990): Theorie und Praxis des Marketing-Controlling, in Siegwart, H./Mahari, J. I./Caytas, I. G./Sander, S. (Hrsg.): Management Controlling, Basel/Franfurt a. M., S. 257–272.

Krystek, U./Müller-Stewens, G. (1993): Frühaufklärung für Unternehmen, Stuttgart.

Kühn, R. (1995): Marketing – Analyse und Strategie, Zürich.

Kühn, R./Fasnacht, R. (2001): Strategische Frühwarnung als Aufgabe des Marketingcontrolling, in: Reinecke, S./Tomczak, T./Geis, G. (Hrsg): Handbuch Marketingcontrolling, St. Gallen/Wien, S. 90–105.

Kuß, A. (2007): Marktforschung, 2. Aufl., Wiesbaden.

Kuß, A./Tomczak, T./Reinecke, S. (2007): Marketingplanung, 5. Aufl., Wiesbaden.

Lasslop, I. (2003): Effektivität und Effizienz von Marketing-Events, Wiesbaden.

Lawler, E.E. (1971): Pay and Organizational Effectiveness, New York.

Lenskold, J.D. (2003): Marketing ROI, New York.

Link, J./Gerth, N./Voßbeck, E. (2000): Marketing-Controlling, München.

Link, J./Hildebrand, V.G. (1993): Database-Marketing und Computer Aided Selling, München.

Lukas, B.A./Whitwell, G.J./Doyle, P. (2005): How Can a Shareholder Value Approach Improve Marketing's Strategic Influence, in: Journal of Business Research, Vol. 58, pp. 414–422.

Mantrala, M.K. (2002): Allocating Marketing Resources, in: Weitz, B./Wensley, R. (Eds.), Handbook of Marketing, London, pp. 409–435.

Marketing Leadership Council (2001): Measuring Marketing Performance – Results of Council Survey, London/Washington.

Maul, D.-H. (2000): Das «Intellectual Property Statement» – eine notwendige Ergänzung des Jahresabschlusses?, in: Der Betrieb, Jg. 53, H. 11, S. 529–533.

McKinnon, S.M./Bruns, W. J. Jr. (1992): The Information Mosaic, Boston.

Meffert, H./Burmann, C./Kirchgeorg, M. (2008): Marketing: Grundlagen marktorientierter Unternehmensführung, 10. Aufl., Wiesbaden.

Mizik, N./Jacobson, R. (2007): Myopic Marketing Management: Evidence of the Phenomen and Its Long-Term Performance Consequences in the SEO Context, in: Marketing Science, Vol. 26, No. 3, pp 361–379.

Moorman, C./Lehmann, D. (Ed.) (2004): Assessing Marketing Performance, Cambridge.

Müller-Stewens, G. (1998): Performance Measurement im Lichte des Stakeholderansatzes, in: Reinecke, S./Tomczak, T./Dittrich, S. (Hrsg.): Marketingcontrolling, St. Gallen, S. 34–43.

Müller-Stewens, G./Fontin, M. (1998): Die Messung der Management-Qualität als künftige Stufe des strategischen Performance-Measurement, in: Handlbauer, G. (Hrsg.): Perspektiven im strategischen Management, Berlin/New York, S. 203–217.

Nalbantian, H. (1987): Incentives, Cooperation and Risk Sharing, Totowa (New York).

Neely, A. (1998): Measuring Business Performance – Why, what and how, London.

Neely, A./Bourne, M./Jarrar, Y./Kennerly, M./Marr, B./Schiuma, G./Walters, A./Sutcliff, M. R./Heyns, H. R./Reilly, S./Smythe, S. (2001): Driving Value Through Strategic Planning and Budgeting: A Research Report from Cranfield School of Management and Accenture, Cranfield.

Piercy, N. F. (1986): Marketing Budgeting, London et al.

Piercy, N.F. (1987): The Marketing Budgeting Process: Marketing Management Implications, in: Journal of Marketing, Vol. 51, No. 4, pp. 45–59.

Quelch, J.A. (1992): Marketing Implementation, Teaching Note, Harvard Business School No. 9-585-024, Boston (Mass.).

Rappaport, A. (1986): Creating Shareholder Value, The New Standard for Business Performance, New York.

Reichheld, F.F./Sasser, W.E (1990): Zero defections: Quality Comes to Services, in: Harvard Business Review, Vol. 68, Sept-Oct, pp. 105–111.

Reichmann, T./Palloks, M. (1997): Modernes Vertriebs-Controlling, in: Link, J./Brändli, D./Schleuning, C./Kehl, R. (Hrsg., 1997), S. 449–473.

Reinecke, S. (2004): Marketing Performance Management, Wiesbaden.

Reinecke, S./Fuchs, D. (2003): Marketingbudgetierung – State of the Art, Herausforderungen und Lösungsansätze, in: Zeitschrift für Controlling & Management, Jg. 47, Sonderheft 1, S. 22–31.

Reinecke, S./Geis, G. (2004): Marketingcockpits: Notwendigkeit, Gütekriterien, Grenzen, in: Thexis, H. 3, S. 37–43.

Reinecke, S./Janz, S. (2007): Marketingcontrolling, Stuttgart.

Reinecke, S./Keller, J. (2006): Strategisches Kundenwertcontrolling, in: Reinecke S./Tomczak, T. (Hrsg. 2006), S. 253–282.

Reinecke, S./Keller, J. (2007): Strategisches Kundenwertcontrolling – Eine konzeptionelle und empirische Studie zum Kundenwertmanagement, in: Controlling & Management (ZfCM), 51, Sonderheft 2, S. 83–88.

Reinecke, S./Tomczak, T. (Hrsg., 2006): Handbuch Marketingcontrolling, 2. Aufl., Wiesbaden.

Rieker, S.A. (1995): Bedeutende Kunden: Analyse und Gestaltung von langfristigen Anbieter-Nachfrager-Beziehungen auf industriellen Märkten, Wiesbaden.

Riesenbeck, H./Perrey, J. (2004): Mega-Macht Marke, Frankfurt a. M.

Rust, R.T./Ambler, T./Carpenter, G.S./Kumar, V./Srivastava, R.K. (2004): Measuring Marketing Productivity: Current Knowledge and Future Directions, in: Journal of Marketing, Vol. 68, October, pp. 76–89.

Rust, R.T./Lemon, K.N./Zeithaml, V.A. (2004): Return on Marketing: Using Customer Equity to Focus Marketing Strategy, in: Journal of Marketing, Vol. 68, January, pp.109–127.

Schaffer, R.H. (1991): Demand Better Results – And Get Them, in: Harvard Business Review, Vol. 69, H. 2, S. 142–149.

Schäffer, U. (2001): Kontrolle als Lernprozess, Wiesbaden.

Schäffer, U. (2003) (Hrsg.): Budgetierung im Umbruch, Sonderheft der Zeitschrift für Controlling & Management, Jg. 47, H. 1.

Schäffer, U./Weber, J. (2004): Thesen zum Controlling, in: Scherm, E./Pietsch, G. (Hrsg., 2004a), S. 459–466.

Scheiter, S./Binder, C. (1992): Kennen Sie Ihre rentablen Kunden?, in: Harvard Business Manager, Jg. 14, H. 2, S. 17–22.

Schmöller, P. (2001): Kunden-Controlling, Wiesbaden.

Schomann, M. (2001): Wissensorientiertes Performance Measurement, Wiesbaden.

Schreyögg, G./Steinmann, H. (1985): Strategische Kontrolle, in: Schmalenbachs Zeitschrift für betriebswirtschaftliche Forschung, Jg. 37, H. 5., S. 391–410.

Shaw, R./Merrick, D. (2005): Marketing Payback. Glasgow 2005.

Siegwart, H. (2002): Kennzahlen für die Unternehmensführung, 6. Aufl., Bern et al.

Simons, R. (1995): Levers of Control – How Managers Use Innovative Control Systems to Drive Strategic Renewal, Boston .

Srivastava, R.K./Shervani, T.A./Fahey, L. (1998): Market-Based Assets and Shareholder Value: A Framework for Analysis, in: Journal of Marketing, Vol. 62, No. 1, pp. 2–18.

Staehle, W.H. (1967): Kennzahlen und Kennzahlensysteme – Ein Beitrag zur modernen Organisationstheorie, München.

Staehle, W.H. (1973): Kennzahlensysteme als Instrumente der Unternehmungsführung, in: Wirtschaftswissenschaftliches Studium, Jg. 2, H. 5, S. 222–228.

Staehle, W.H. (1999): Management, 8. Aufl., München.

Steffenhagen, H. (2008): Marketing – Eine Einführung, 6. Aufl., Stuttgart et al.

Steinmann, H./Schreyögg, G. (2005): Management: Grundlagen der Unternehmensführung, 6. Aufl., Wiesbaden.

Töpfer, A. (1995): Marketing-Audit, in: Tietz, B./Köhler, R./Zentes, J. (Hrsg., 1995), Sp. 1533-1541.

Töpfer, A. (2000): Das Management der Werttreiber, Frankfurt a. M.

Töpfer, A. (2005): Betriebswirtschaftslehre – Anwendungs- und prozessorientierte Grundlagen, Berlin/Heidelberg.

Vakratsas, D./Ambler, T. (1999): How Advertising Works: What do We Really Know?, in: Journal of Marketing, Vol. 63, No. 1, pp. 26–43.

Vollmuth, H.J. (1987): Gewinnorientierte Unternehmensführung, Heidelberg.

Weber, J. (2002): Einführung in das Controlling, 9. Aufl., Stuttgart.

Weber, J./Kummer, S./Grossklaus, A./Nippel, H./Warnke, D. (1997): Methodik der Generierung von Logistik-Kennzahlen, in: Betriebswirtschaftliche Forschung und Praxis, Jg. 49, H. 4, S. 438–454.

Weber, J./Linder, S. (2003): Budgeting, Better Budgeting oder Beyond Budgeting? Konzeptionelle Eignung und Implementierbarkeit, in: Advanced Controlling, 6, Band 33, Vallendar.

Weber, J./Schäffer, U. (1998): Sicherstellung der Rationalität von Führung als Controllingaufgabe?, WHU-Forschungspapier Nr. 49, April, Vallendar.

Weber, J./Schäffer, U. (1999): Sicherstellung der Rationalität in der Willensbildung durch die Nutzung des fruchtbaren Spannungsverhältnisses von Reflexion und Intuition, in: Zeitschrift für Planung, Jg. 10, H. 2, S. 205–244.

Weber, J./Schäffer, U. (2000): Balanced Scorecard & Controlling. Implementierung – Nutzen für Manager und Controller – Erfahrungen in deutschen Unternehmen, 3. Aufl., Wiesbaden.

Weber, J./Schäffer, U. (2006): Einführung in das Controlling – Wege zu einer rationalen Unternehmensführung, 11. Aufl., Stuttgart.

Weinhold-Stünzi, H. (1999): Marketing in 20 Lektionen, 24. Aufl., Berneck.

Wild, J. (1974a): Grundlagen der Unternehmungsplanung, Hamburg.

Wild, J. (1974b): Budgetierung, in: Marketing Enzyklopädie: Das Marketingwissen unserer Zeit in drei Bänden, Band 1, München, S. 149–160.

Wöhe, G. (2008): Einführung in die Allgemeine Betriebswirtschaftslehre, 23. Aufl., München.

Wolf, J. (1977): Kennzahlensysteme als betriebliche Führungsinstrumente, München.

Zeithaml, V.A./Berry, L.L./Parasuraman, A. (1996): The Behavioral Consequences of Service Quality, in: Journal of Marketing, Vol. 60, No. 4, pp. 31–46.

Principles of Marketing Management Control

Sven Reinecke

Principles of Marketing Management Control
Sven Reinecke

Typeset and layout: Mediengestaltung, Compendio Bildungsmedien AG, Zürich
Printing: Edubook AG, Merenschwand

Article: 6207
ISBN: 978-3-7155-9360-9
Edition: 1st edition 2008
Version: K0088
Language: DE
Code: QMK 001

Table of Contents

Foreword

Advanced Marketing is a new series published by the Institute of Marketing and Retailing at the University of St. Gallen. The series aims to fulfill three criteria:

1. *Relevance:* The publications in the Advanced Marketing series address issues of marketing and sales that are highly topical and innovative in scientific and practical terms, or alternatively focus on topics that have become established as «classics». Thanks to new printing techniques that enable us to release small print runs, we can publish details of developments in marketing as they happen.

2. *Incisiveness:* Every Advanced Marketing booklet aims to maintain a clear focus, summarizing the key aspects of a specifically defined topic in a few pages. To ensure an appropriate measure of completeness and breadth, selected cross references are given to current scientific literature or standard textbooks.

3. *Transfer:* Current marketing knowledge is presented in an intelligible yet non-simplified form in order to initiate learning processes of practical benefit to marketing managers. For this reason, the style is neither technically impenetrable nor over-simplified to the point of trivia. Mindful of the fact that managers are increasingly active in international environments, all publications appear in full in English and German. In this way, knowledge transfer to companies is maximized and language barriers are broken down.

We are certain that the new format is particularly well suited to the requirements of managerial training. We look forward to receiving your feedback (email: Sven.Reinecke@unisg.ch)!

St. Gallen, July 2008

Prof. Dr. Sven Reinecke

Part A   Marketing management control as a relevant field of research and application

Relevance of
marketing
management
control

Following intense research activity in the early 1980s, the subject of marketing management control achieved a high profile in marketing science circles in the German speaking region (Link/Gerth/Vossbeck 2000, Reinecke 2004, Bauer/Stokburger/Hammerschmidt 2006, Reinecke/Janz 2007 etc.). When the Marketing Science Institute in the USA repeatedly acclaimed *marketing metrics* as the topic with the highest relevance to research, the international marketing science community started to pay much greater attention to the area (Clark 1999, Ambler 2003, Lenskold 2003, Moorman/Lehmann 2004, Rust et al. 2004, Rust/Lemon/Zeithaml 2004, Shaw/Merrick 2005 and Farris et al. 2006).

In the following, we will examine the principles and tasks of modern marketing management control as well as the developmental trends driving this new subfield.

1 Marketing management control as a tool for ensuring the effectiveness and efficiency of market-oriented management

Marketing and controlling as twin sisters

The subject of marketing management control constitutes a classic interface between two subfields of business. The relationship between marketing and controlling is ambivalent. On the one hand, they are depicted as twin sisters because both amount to overlapping concepts that are not the prerogative of experts in a particular field (Deyhle 1988, p. 15). On the other, a natural conflict of objectives and interests arises where *marketing* is regarded as *market-led management* and *controlling* is regarded as *results-led management*.

Controlling supports decision making

Horváth (1985, p. 13) points out a significant and generally accepted *difference between marketing and controlling:* marketing as a direct task of management incorporates actual decision making, while controlling is a task that «only» supports decision making. Despite this, controlling is regarded as an inherent management function (figure 1), performed with close cooperation between managers and controllers. In other words, controlling is practiced not (only) by controllers, but by management teams in particular.

Figure 1   Management control as a joint task of managers and controllers

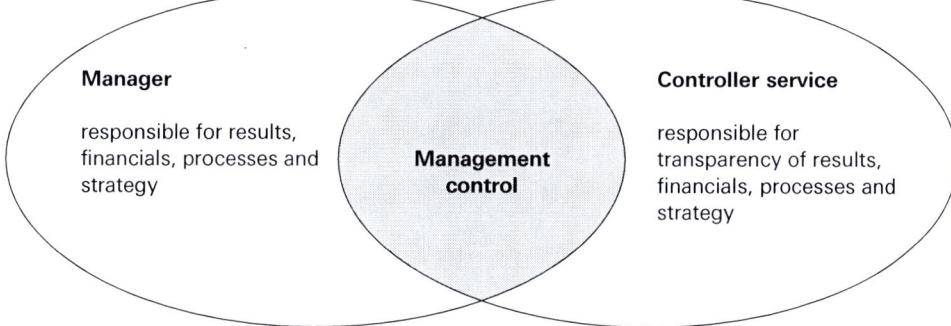

Source: With close reference to the International Controller Association (ICV) 2007, p. 15.

Weber and Schäffer (1999, pp. 208 f.) impose an idealized structure on the management process (figure 2), starting with decision making, which may be reflexive or intuitive. Where this is reflexive, sufficient knowledge open to analytical examination must be available, and this knowledge must be based on experience or exogenous information. For a decision to be enforced, it must first be communicated to the executing bodies by means of *results, process or input-related arrangements*. Ideally, the communicated decision will be enforced by the operational system. However, this execution is not part of the management system, but rather amounts to *control* of the corre-

lation between what is intended and what is achieved. The result of this tar-get/actual comparison either leads to further decision making (e.g. a planned review) or influences subsequent decision enforcement (for exam-ple, organization of specific activities to ensure future coordination of the planenned and the actual). Decision making, decision enforcement and con-trol are thus closely linked.

Figure 2   **Idealized decision process**

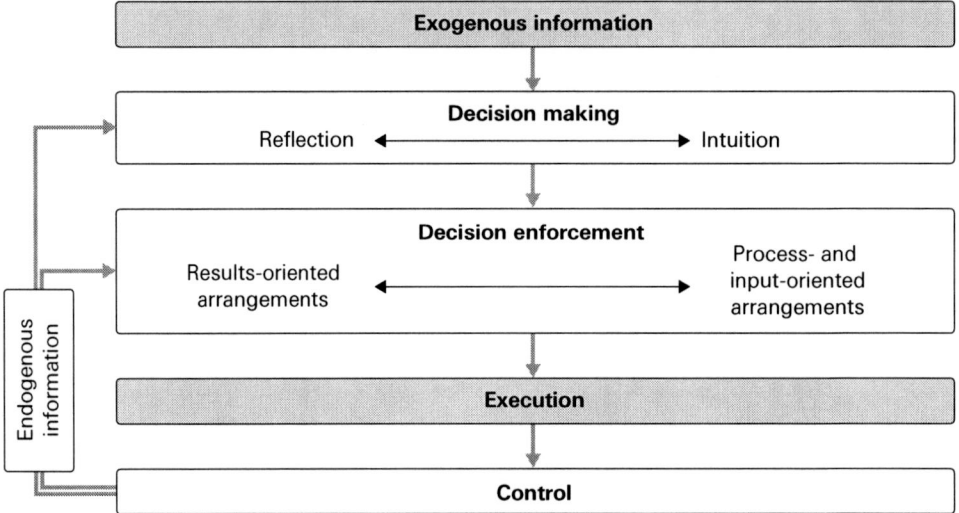

Source: Weber/Schäffer 1999, p. 208.

Marketing management control cannot, therefore, be equated (any longer) with accounting in marketing, even if the latter is a key source of informa-tion. The function of marketing management control is to ensure the effec-tiveness and the efficiency of market-oriented management (Reinecke/Janz 2007, pp. 38 f.).

Ensuring effec-tiveness and efficiency

Without embarking on an in-depth discussion of terminology at this point (for details cf. Lasslop 2003, pp. 8 ff. and Bonoma/Clark 1988), *effectiveness* and efficiency shall be understood in this text as outlined in figure 3. For our purposes, effectiveness in the broad sense refers to efficacy, and thus to the rendering of services: are our defined objectives being achieved? More spe-cifically, effectiveness defines the degree of efficacy: have we surpassed the aims we formulated in advance? *Efficiency* is also a question of degree: a measure producing a certain output/input ratio is said to be efficient where no other measure could produce a better ratio (whereby the ratio must be at least one).

Figure 3   **Connection between effectiveness, efficiency and success**

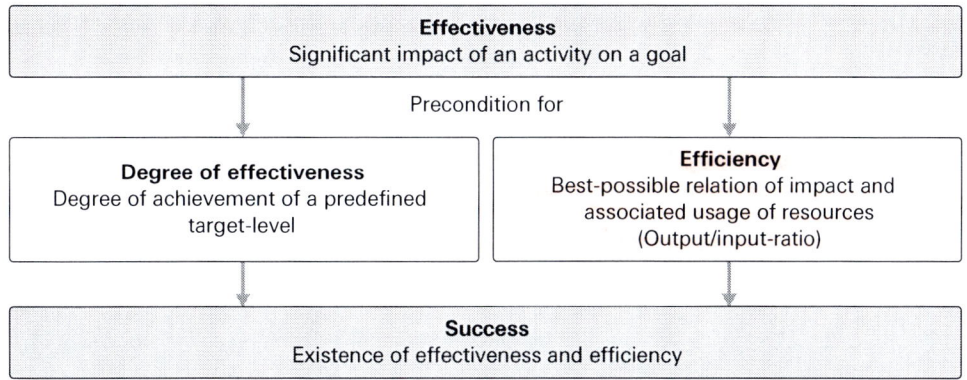

Source: Reinecke/Janz 2007, p. 39 with reference to Lasslop 2003, p. 12.

This definition closely follows the controlling definition of Weber and Schäffer (2006), an approach that has much in common with the prevailing Anglo-American understanding of management control (Anthony/Govindarajan 2003, p. 6). The four «rationality bottlenecks» identified by Weber and Schäffer (1998, p. 22) are applied to marketing (figure 4):

Figure 4   **Ensuring the rationality of market-oriented management**

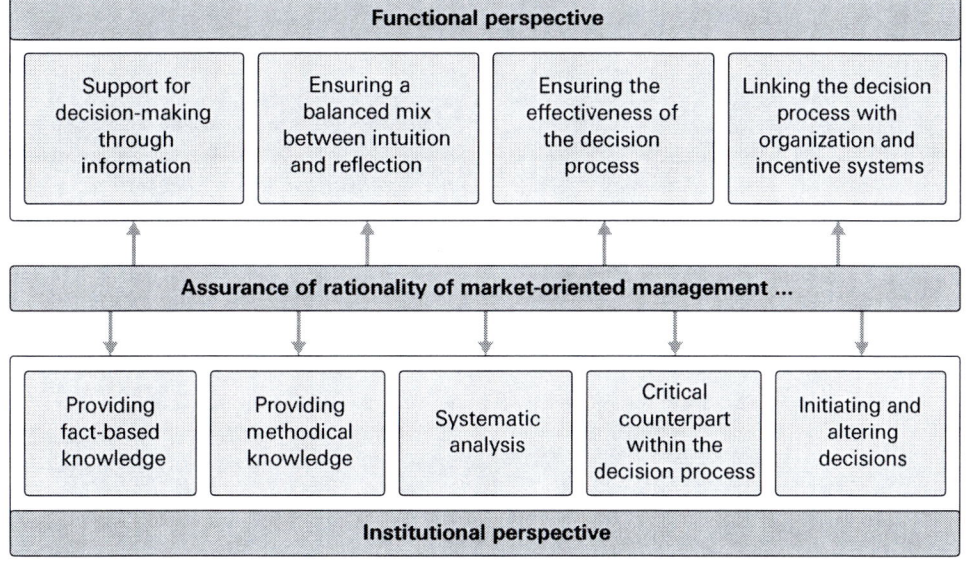

Source: Reinecke 2004, p. 56 with reference to Weber/Schäffer 1998, p. 22.

a) Supporting decision making with information

Marketing accounting and market research

The improvement of the level of information is the central (and ultimately the primary) function of controlling (Horváth 2006, p. 315). Over recent decades, however, the field for which information is required has expanded: whereas the emphasis was formerly confined to accounting and then cost accounting, controlling has increasingly taken on responsibility for obtaining information from the corporate environment, especially regarding markets and customers. Although marketing accounting certainly has shortcomings even now, the bigger rationality bottleneck lies in the *supply of information on specific customers, competitors and markets.*

b) Ensuring a balance between intuition and reflection in decision making

Balance between creativity and operating efficiency

Marketing is traditionally linked with characteristics such as creativity, innovation and intuition, while controlling tends to be associated with objectiveness, reflection and tenacity. Since this dichotomy encourages a conflict of roles, it deserves to be critically scrutinized. Marketing management control should not impair creativity and innovative flair, but rather promote a reasonable balance between creativity and operating efficiency (Krulis-Randa 1990, p. 261).

The central question here concerns the *correct degree of marketing planning.* Planning is defined as the systematic, future-focused consideration and identification of objectives, measures, means and methods in support of target attainment (Wild 1974a, p. 13). As a rational process of information processing, planning is essentially based on reflection; however, intuition is also required, depending on the available knowledge (Weber/Schäffer 2006, p. 232). In theory at least, the planning process in marketing is rooted in marketing concepts (Becker 2001, p. 5): A marketing concept can be construed as a coherent and integrated plan of action («schedule») which is focused on specific objectives («destinations»), utilizes suitable strategies («routes») for its realization and, on this basis, defines appropriate marketing instruments («means of transport»). Marketing concepts thus provide a framework for fundamental decisions (Weinhold-Stünzi 1999, p. 109); they are generally based on a well conceived system that stresses reflection in the context of decision making.

Marketing management control should also ensure that there is scope for creativity within marketing planning; in other words, the reflexive element must not stifle intuition. In some situations it may be entirely reasonable to *forego planning,* perhaps because it is too expensive or time-consuming (Staehle 1999, p. 540) or inappropriate given the scale of market dynamics.

c) Ensuring the connection between decision making, decision enforcement and control

Strategy implementation in marketing is dominated by instrumental structures; marketing strategies are meant to be realized by means of marketing instruments. For this purpose, the marketing mix – based on the product or service in most cases – is developed in detail. Instrumental directives of this kind, linked to associated budgeting, are tantamount to programming; this often results in inefficiency and hampers coordinated implementation and integrated control.

Ensuring the guiding function of the marketing strategy

The results-oriented coordination of an integrated marketing mix (as opposed to isolated instruments) is one of the biggest challenges in marketing that still needs to be resolved to a large extent (Kühn 1995, pp. 11 ff. and Kuss/Tomczak/Reinecke 2007, pp. 257 ff.). The complexity of this task frequently leads to the kind of waste and indifference (Belz 1998, p. 664) described as «global mediocrity» by Bonoma: «When the head office fails to pick one marketing function for special concentration and competence and instead takes satisfaction in doing an adequate job with each [...]. Officials thereby spread resources and administrative talent democratically but ineffectively» (Bonoma 1984, p. 71). In other words, the marketing strategy does not perform its guiding function in terms of operational marketing.

One alternative would be to avoid programming the marketing mix in detail and instead replace instrumental directives at least in part with results-based objectives, possibly by means of operationalized customer acquisition and retention targets (Reinecke 2004). Results-based directives of this kind do not resolve the problem of coordination for marketing instruments; instead, they delegate the issue to a deeper level, which may be considerably more effective and efficient. Results-based targets supported by metrics offer greater scope for situation-based solutions, intuition and improvisation than instrument-related input and process specifications.

Marketing control is impossible in the absence of marketing planning, and marketing planning is pointless in the absence of control

Having said that, defined targets are only useful where they are also controlled: *marketing control* is impossible in the absence of marketing planning, and marketing planning is pointless in the absence of control (Böcker 1988, p. 22). Control means comparing that which is actually achieved with the relevant predefined target (Weber/Schäffer 2006, p. 232). In turn, control is only useful where *consequences* can also be derived.

The basic idea of marketing concepts is to ensure an effective marketing management process, i.e. to coordinate decision making and decision enforcement. Despite this, little guidance is available (e.g. Belz 1998, pp. 566 ff.) on how to achieve this and how to resolve implementation problems (Ames 1968, pp. 100 ff., Day 1999).

d) Linking the decision process with organization and incentive systems

If we understand marketing as market-focused management, we must accept that marketing has an interdisciplinary function. This means that coordination is necessary both within marketing and with management as a whole.

Coordination within marketing

Personnel and organizational preconditions must be in place before we can coordinate management and execution *within marketing*. As regards personnel management, marketing management control must address two challenges. Firstly, the requirements of market-focused general management must be transferred to the personnel management system; staff selection and development play a key role in ensuring the *necessary management quality* (cf. Müller-Stewens/Fontin 1998). Secondly, it is necessary to configure *target and incentive systems* in the areas of marketing and sales. The effectiveness of performance-related remuneration systems is disputed (for details cf. Armstrong 1993, pp. 75 ff.). It is undoubtedly a major challenge, therefore, to establish an appropriate system that has a genuinely motivational effect and no dysfunctional side effects (Armstrong 1993, pp. 79 ff.). Another task of marketing management control is to ensure the *effectiveness and efficiency of the organizational and operational structure in marketing* (for example, between sales and marketing, or market research and the advertising department) (Becker 2001, pp. 839 ff. and Kuss/Tomczak/Reinecke 2007, pp. 290 ff.).

Cross-functional coordination

One classic task of marketing management control is *cross-functional* coordination. It is important to ensure that marketing and corporate planning are coordinated on one side and marketing management control and general controlling are coordinated on the other (examples include shareholder value orientation for all functions, balanced scorecards).

2 Developments in marketing management control

Five central lines of development and trends have been pinpointed in marketing management control (Reinecke 2004, p. 48, based on Gleich 2001, p. 11 and Müller-Stewens 1998, p. 37). Amongst other things, these indicate that rationality deficits, and thus central emphases, have shifted in recent years (see figure 5).

From deviation to improvement

- *Control target:* Within marketing management control, the accounting-related registration of deviations (ex-post control) is declining in importance in relative terms in favor of a management-oriented focus on improvement along the lines of a «control circuit» that promotes learning processes. This is by no means to suggest that marketing accounting is now a low priority. Significant rationality deficits in this area persist in many companies (consider the lack of customer contribution margin accounting, or the focus on sales volume as opposed to profitability). Although most companies possess an acceptable basis these days thanks to standard business software, the foundation for comprehensive control is often lacking because marketing management has not defined clear, operationalized targets. Registration of deviations is thus a precondition for critical analysis and initiating learning processes by means of a causal analysis.

Monetary and non-monetary alignment

- *Alignment and format:* During the 1980s, marketing management control was basically regarded as internal monetary marketing accounting; today it is more outward-looking, focusing on the market and non-monetary factors such as the measurement and tracking of customer attitudes, customer satisfaction and brand strength. In this regard, a bottleneck is frequently present in institutionalized finance & accounting departments: «traditional» controllers tend not to have the marketing and market research skills needed to measure and interpret the constructs that are central to marketing management. This produces a know-how bottleneck in many departments, resulting in a switch to external suppliers such as market research companies and consultancy firms.

From early warnings to the early identification of market potential

- *Time:* The purpose of marketing management control has evolved from early warnings based on key figures to the early identification of (market) potential to early intelligence that supports rationality and action (Krystek/Müller-Stewens 1993, p. 21 and Kühn/Fasnacht 2001). The central emphasis has thus moved away from single parameters indicative of threats towards the comprehensive interpretation of a blend of relevant parameters that are adapted around strategy. Moreover, marketing management control must not focus solely on key figures because these could always relate exclusively to snapshots clearly defined at an earlier stage. In order to pinpoint trends and potential in good time, for example, forward-looking marketing management control must also provide information not based on key figures. The

interpretation of data and the determination of recommended market-oriented actions are two of the main tasks of marketing management control.

Considering
the actual cash
value of money

- *Methods:* Marketing management control once revolved around static contribution margin accounting, but now numerous dynamic methods are being deployed, for example to determine future-focused financial customer lifetime values and brand equities. Since they take account of the actual cash value of money, dynamic methods correspond more closely to the demands placed on listed stock companies by the capital markets in particular.

Taking account
of a more
wide-ranging,
differentiated
target system

- *Dimension:* Given the surcharge calculations that used to dominate pricing, marketing accounting was able to focus on the target factor of sales for the sake of simplicity; in that case, after all, sales and profit contribution are linked. Modern marketing management control must take account of a more wide-ranging target system: for one thing, modern and differentiated pricing methods call into question the correlation between sales and profit contribution (the keywords being value-based pricing and price differentiation). As a growth factor, sales does not necessarily equate to profitability. On the other hand, sales tends to be insufficiently differentiated as a target factor. The key ratio «Sales per sales representative», for example, is in no way primarily indicative of the effectiveness of sales representatives; this would only be the case if the market potential of the relevant areas and all other influencing factors were identical, something that is basically unrealistic (Krafft/Frenzen 2006, pp. 624 ff.). Moreover, the impact on sales of a cinema advertising campaign, for example, can hardly be judged on the basis of reasonable commercial expenditure. Marketing planning and marketing control must therefore define clearly differentiated targets and/or events that facilitate the cause-related and more precise measurement of the effectiveness and efficiency of marketing measures. Sales is one of many factors to be taken into consideration, and does not take priority.

Figure 5   **Central developments and trends in marketing management control**

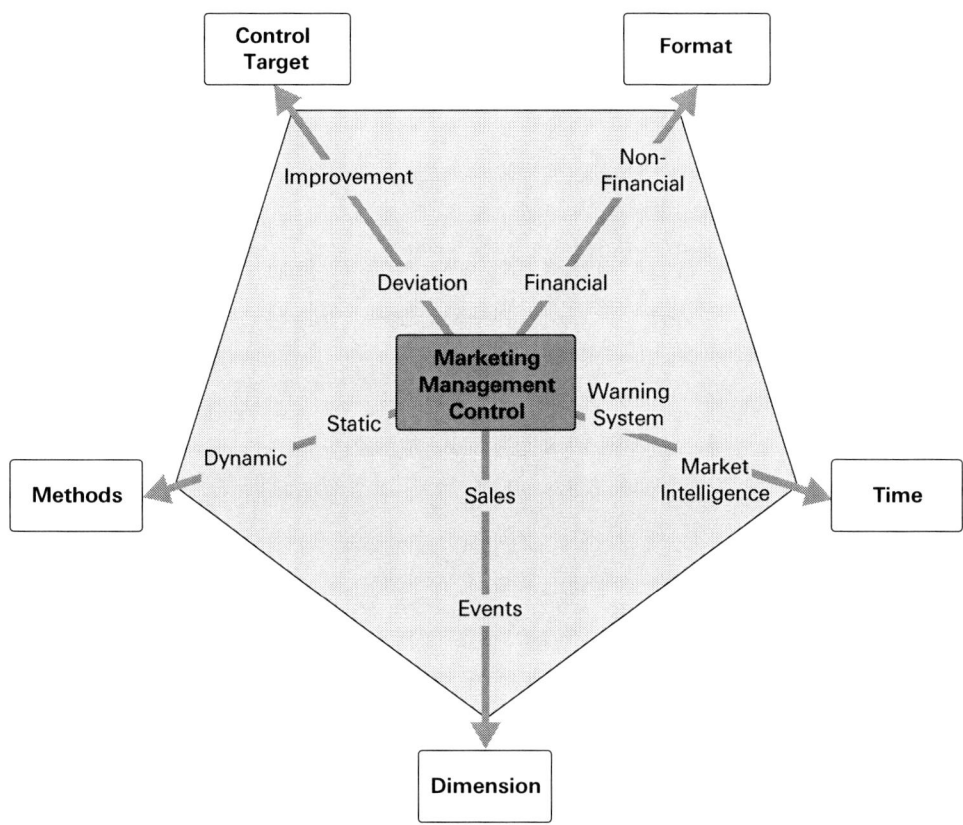

Source: Reinecke 2004, p. 48, with reference to Gleich 2001 and Müller-Stewens 1998.

3 The tasks of marketing management control: an overview

In the following, we offer a systematic overview of the tasks and functions of marketing management control, taking account of connectivity and compatibility with earlier approaches to marketing management control (for details cf. Reinecke/Janz 2007). As before, marketing management control will be defined as the means for ensuring the effectiveness and efficiency of market-oriented management, thus amounting to «quality assurance» for marketing management.

Figure 6   **The tasks of marketing management control**

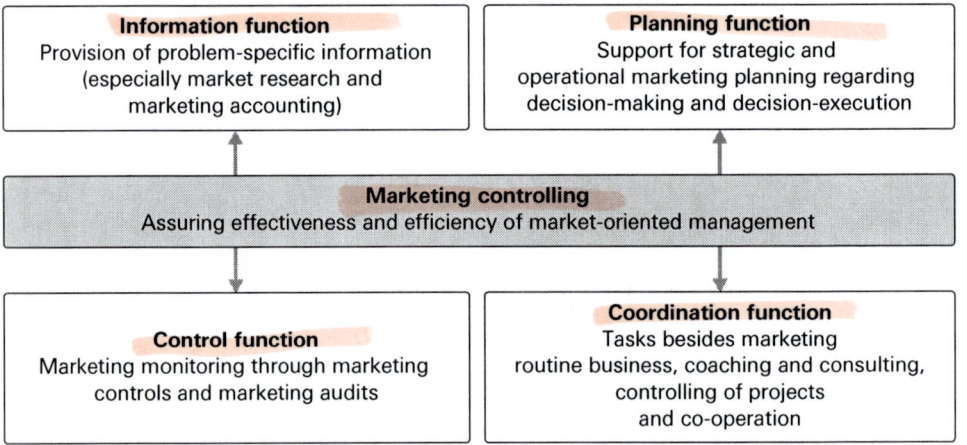

Source: Reinecke/Janz 2007, p. 51, based on Köhler 2006 and Weber 2002.

Marketing management control comprises the following tasks (figure 6):

a) Problem-related supply of information

This task covers the bundling and coordination of problem-specific information, particularly in relation to accounting (target costing, activity-based costing, contribution margin accounting) and market research. Market research is thereby defined as the function linking suppliers to consumers, customers and the general public by means of information (Kuss 2007, p. 2). In the information age, the spotlight is on the early identification of trends affecting technology and markets. From a management point of view, the emphasis needs to be on interpretive diagnosis of this information rather than straightforward analysis. Central to this is the best possible user/job-related coordination of the instrument-dominated supply of information, the problem-dominated requirement for information and the conduct-dominated demand for information (Berthel 1975, p. 30 and Weber/Schäffer 2006, p. 82). The intention here is to ensure an *information level supportive of decision-making* to facilitate effective and efficient action (see figure 7).

Figure 7

Information level as the product of the supply, requirement and demand for information

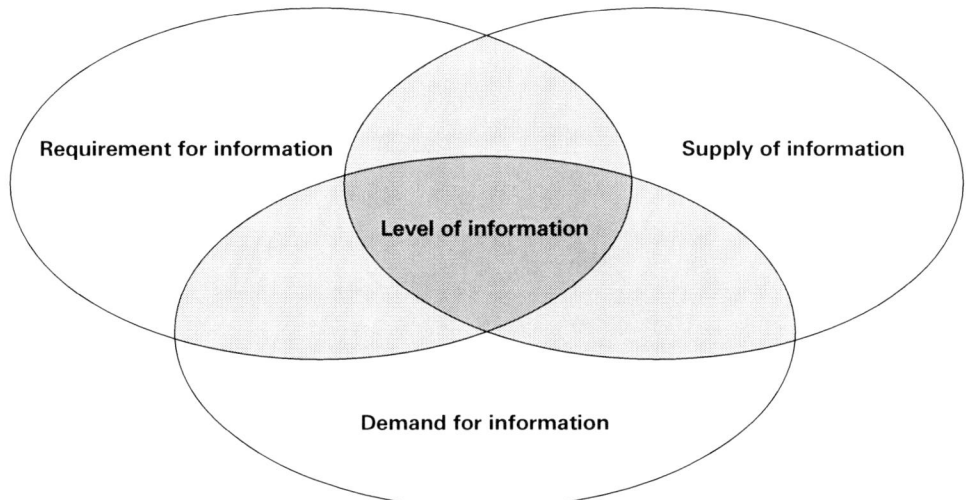

Source: Reinecke/Janz 2007, p. 52 with reference to Berthel 1975, p. 30.

Marketing management control must therefore address *specific problems perceived by the relevant organizational entities* (for example, product management, customer (segment) management, communications and channel management) while coordinating the interfaces between these entities. Both the type of information (for example, monetary/non-monetary, reference objects, prioritization and selection of key marketing metrics) and the granularity and complexity thereof must be adapted according to the needs of the respective organizational entity.

b) Support for strategic and operational marketing planning as regards decision making and enforcement

This task aims in particular to support the generation of options for decision making. In practical business terms, the lack of thought given to alternative marketing strategies and implementation measures is a central rationality bottleneck in many marketing concepts; marketing management control can help to identify and surmount this bottleneck. The contre rôle evaluation and critical examination of decision making options is also part of the task, both in terms of financial and real economic consequences as well as feasibility and enforceability.

Planning management (Weber/Schäffer 2006, pp. 250 ff.) comprises the model for the strategic and operational marketing planning system, and in particular *marketing budgeting* (Reinecke/Fuchs 2003). Marketing management control provides methodical and instrumental support for marketing management, for example in the selection of market and customer segments and the arrangement of *incentive systems* for sales and distribution; it is also responsible for various tasks aimed at coordinating marketing strat-

egy, targets and operational marketing measures and guaranteeing implementation. In particular, this involves the *design of interfaces* and the correlations between marketing and other functional areas, especially since corporate planning is usually based on sales planning.

c)   Marketing monitoring: performing marketing controls and audits

Feed-back and feed-forward control

Köhler (2006) summarizes *controls* and *audits* under the term *monitoring*. Controls are retrospective target/actual comparisons (for details cf. Schäffer 2001); they close the «control circuit» of decision making and decision enforcement, which makes them an important component of marketing management control. However, these evaluations frequently take place ex post, without certain targets being defined in advance. In these cases, it is more accurate to speak of analyses, rather than controls, of results (Köhler 1992, col. 1272).

Aside from documentation, *the aims of control* are to gain insights and influence behavior; control is either aimed at ensuring an actual value is achieved (feed-back control) or at initiating adjustment of the (strategic) target value (feed-forward control) (Weber/Schäffer 2006, p. 233). Therefore, control not only aims to ascertain discrepancies between anticipation and realization, but also aspires to link these discrepancies in connection with the leading actions described below (Schäffer 2001, p. 51).

A distinction is traditionally drawn between operational and strategic marketing controls. *Operational marketing controls* refer in particular to the control of sales segments, marketing organization entities, individual marketing instruments and the overall mix (Köhler 1992, col. 1272). According to Schreyögg and Steinmann (1985), *strategic marketing controls* incorporate realization control («Is the marketing strategy being implemented properly?») as well as assumptions control (examination of the assumptions underlying a marketing strategy) and undirected strategic monitoring.

Marketing audits

Audits are basically manifestations of *future-focused monitoring of the feed-forward kind* which are concerned with prerequisites for the future utilization of success potential. According to Kotler and Keller (2006, p. 719), a marketing audit can be defined as a «*comprehensive, systematic, independent, and periodic* examination of a company's or business unit's – marketing environment, objectives, strategies, and activities with a view to determining problem areas and opportunities and recommending a plan of action to improve the company's marketing performance». The audit can be interpreted as a comprehensive and action-based *marketing health check* that serves to pinpoint opportunities and threats and draw up a plan of action for improving marketing performance. Köhler (2006, pp. 44 f.) distinguishes between procedural, strategic, marketing mix and organizational audits in marketing.

In practice, despite their scientifically proven effectiveness (Day/Montgomery 1999, p. 10) – controls close the planning loop – companies tend to forego marketing controls for various reasons (figure 8).

Figure 8   **Reasons for omitting marketing controls**

1. The board of directors does not rank marketing very high and thus focuses on financial metrics instead.
2. Marketing controls seem inefficient since there has never been a proof of a cause-and-effect-chain between marketing spending and profits.
3. Marketing is oriented towards the future while controls relate to past performance.
4. Negative control results could endanger the marketing budget.
5. Marketing control is not compatible with the self-esteem of marketing representatives and the «customer first»-principle.
6. Environmental turbulence outdate planning assumptions very soon.
7. The construction of differentiated marketing performance systems takes much too long.

Source: Reinecke 2004, p. 64 with reference to Ambler 1998, p. 25.

One key function of marketing management control is to decide *which form of control* should be selected at what point. Given the emphasis on target attainment and thus effectiveness, result controls are generally preferred in marketing in order to avoid the problems of «programmed marketing». Within the context of more wide-ranging marketing audits, *process controls* and even *input controls* should be applied on a secondary basis, or in situations where quantified targets would seem to be ineffectual or impossible.

d)   Cross-managerial coordination function

In contrast to Horváth (2006) and Köhler (2006), the following examination of the coordination function of marketing management control concerns those cross-managerial coordination tasks which, in practice, tend to arise for specific reasons. This generally means *activities not connected with routine marketing business* (modeled on Weber 2002, p. 404). Examples include consultancy and support on large-scale projects such as the introduction of marketing performance measurement systems, the general alignment of marketing towards value-based management, rebranding/portfolio realignment following a company takeover and the introduction of knowledge management in the field of marketing and sales. Also covered here are the *controlling of specific marketing and sales projects* and, in particular, *marketing agreements* with other companies.

Advisory and coaching tasks
The coordination tasks mentioned are not necessarily associated with projects; they often entail explicit *change management* (Weber 2002, p. 390). To this end, marketing management control fulfils advisory, «contre rôle» and coaching tasks in particular.

4   The instruments of marketing management control: an overview

The instruments of marketing management control are the methods and procedures deployed with the aim of ensuring the effectiveness and efficiency of market-oriented management; methods and procedures are thus controlling instruments on account of their utilization, not their nature (Schäffer/Weber 2004, p. 464).

Figure 9   Selected methods and instruments of marketing management control

Support for strategic marketing planning and strategic marketing control	Support for operational marketing planning and operational marketing control	Overall marketing coordination

• Early warning/detection/foresight systems
• Industry structure analysis
• Profiles of strengths and weaknesses, Benchmarking
• Portfolios (e.g. regarding business units, customers, innovations, brands, products and assortment)
• Segmentation-, image and positioning studies
• Calculations of customer & brand value, brand strength-analysis
• Capital budgeting
• Long-term budgeting
• Marketing-audits: methods and check-lists
• Monitoring of the core tasks in marketing (customer acquisition, customer retention, product innovation and product maintenance)
	• Provision of information for specific marketing & sales organizational units from market research, sales force reports, sales statistics und accounting (e.g. customer satisfaction studies, contribution margin accounting)
	• Information regarding planning and coordination of the marketing-mix
	• Short-term budgeting
	• Control of the marketing-mix:
	  • product
	  • price
	  • promotion
	  • place
	• Analysis of (financial) results and deviations
	• Complaint analyses
		• Construction of marketing & sales performance systems
		• Definition of incentive schemes
		• Target Costing
		• Analysis, planning and control of marketing & sales projects (e.g. revision of brand portfolio)
		• Analysis, planning and control of co-operation projects in marketing & sales
		• Knowledge management in marketing & sales (e.g. exchange of experiences, database with key-learnings)

Source: Reinecke/Janz 2007, p. 56, based on Köhler 2006.

The tasks of marketing management control outlined can be fulfilled by means of many instruments and methods; some examples are given in figure 9. As summarized in the diagram, numerous instruments can be deployed *simultaneously for information provision, planning and control in marketing.* For example, positioning studies provide market information on

a company's current position while supporting planning by helping to answer questions such as, which relevant needs are not currently being met by specific approaches? These studies can also be used as control and audit instruments in order to determine whether the actual position corresponds to the target position.

Moreover, the assignment of instruments to *strategic and operational marketing tasks* is by no means deterministic. For example, whereas product range analyses on high-tech business-to-business markets or in the pharmaceuticals sector are usually strategic and long-term in nature, they also tend to be significant in terms of day-to-day operational business in food retailing. The extent to which, from a customer viewpoint, an instrument can significantly influence the long-term orientation of corporate potential in relation to the competition, determines whether or not that instrument is classified as strategic. Instruments that support short-term and routine activities such as annual budgeting are assigned to the operational level. The marketing mix is also assigned to this level in virtually all marketing literature, even though marketing instruments invariably influence both strategic and operational elements. Comprehensive price controls, for example, thus incorporate both strategic monitoring of the price image as well as operational control of price enforcement on the market.

4 The instruments of marketing management control: an overview

Part B   Selected fields of marketing management control

Covering all areas of marketing management control in detail is beyond the scope of this publication; the standard reference works are available for this purpose (Reinecke/Janz 2007, Reinecke/Tomczak 2006 and Ambler 2003).

However, we will consider five aspects in greater depth:

1. *Marketing budgeting:* Issues of the size and distribution of marketing budgets and the budgeting process itself are discussed a great deal in practice. For this reason, we offer a brief overview of the various procedures and methods in this area.
2. *Marketing audits:* Companies that wish to implement marketing management control often begin by carrying out a «marketing audit» with external help. Although a marketing health check of this kind can be extremely useful, it is also a demanding process.
3. *Marketing as a driver of shareholder value:* Commercial enterprises – and listed companies in particular – are increasingly anxious to raise their shareholder value. We will therefore look at how companies can use marketing as a driver to achieve this.
4. *Customer valuation:* To assess the effectiveness and efficiency of marketing measures accurately, it is necessary to analyze the (potential) customer base and prioritize customers according to value. We will therefore examine established methods for identifying and evaluating the profit potential of customers.
5. *Marketing performance measurement systems:* Metrics – the interface between planning and controlling – are essential to marketing management control. This publication sets out the central principles for developing and deploying «marketing cockpits» or «marketing dashboards».

5   Marketing budgeting

Marketing
budgets are
quantitative
plans focused
on formal
targets

With its roots in national budgeting, this is a widely used management instrument for controlling organizational units by means of periodic input and output specifications in the form of budgets (Steinmann/Schreyögg 2005, p. 392). For this reason, budgeting has traditionally been regarded as essential in terms of the planning and management of marketing measures (Barzen 1990, p. 2). Budgeting and planning are closely linked, although budgets, on account of their prescriptive focus on formalized targets, are distinct from general plans (Horváth 2006, p. 230). A *marketing budget* is defined as a plan focused on formal targets which is formulated in monetary or quantitative terms and which is imposed on a marketing organization entity for a specified duration with a defined degree of obligation (Wild 1974b and Horváth 2006, p. 213).

Where it forms part of corporate budgeting (Kiener 1980, pp. 144 ff.), *marketing budgeting* is the process that incorporates the compilation, approval, control and deviation analysis of marketing budgets (Steinmann/Schreyögg 2005, p. 393).

5.1   Functions and types of budgets

Various functions are assigned to budgeting in scientific and practical circles (Hansen/van der Stede 2004, pp. 418 ff.). Steinmann and Schreyögg (2005, p. 393) identify four key budget functions:

Budget
functions

1. *Orientation function:* To commit organizing entities subject to the budget to specific targets, and to clarify their responsibilities in terms of results.
2. *Coordination and integration function:* To coordinate and integrate all corporate areas by means of horizontal and vertical budget harmonization in order to allocate limited company resources in pursuit of certain objectives.
3. *Control function:* To utilize the quantitative budgetary framework as the benchmark for measuring performance and for the purposes of control and monitoring, in connection with which deviation analyses determine the causes of discrepancies.
4. *Motivation function:* To motivate the organizing entities subject to the budget, especially by involving those parties in the determination of the budget and guaranteeing room for maneuver.

Figure 10 shows the main types of marketing budgeting (see also Wild 1974b, pp. 330 f. and Horváth 2006, p. 215).

Figure 10   Types of marketing budgeting

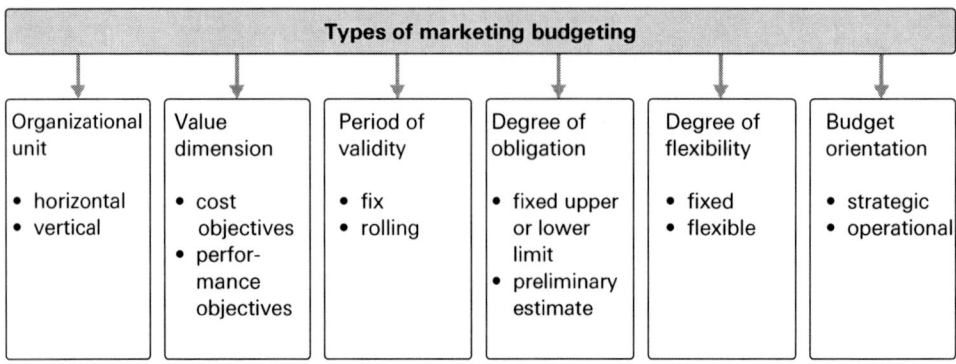

Source: Reinecke/Janz 2007, p. 128.

5.2   The process of marketing budgeting

As regards the process of marketing budgeting, we can distinguish three main traditional approaches (Becker 2001, p. 769; Weber/Schäffer 2006, pp. 265 ff.):

Top-down vs. bottom-up approach

In the *top-down approach,* senior management imposes the marketing budget on organizational entities lower down the hierarchy (e.g. product management). Although this strategic approach circumvents time-consuming coordination processes, the lack of involvement accorded to those organizational entities subject to the budget can result in problems of acceptance of the budgetary terms.

In the *bottom-up approach,* marketing budgeting progresses from lower down the hierarchy to the top; organizational entities lower down the hierarchy develop budgetary proposals according to their objectives and plans and agree these with senior management. The main advantages of this approach are the utilization of market and customer knowledge and the greater motivation of the entities in question thanks to their involvement in the budgeting process. As for the disadvantages, the high level of coordination required poses risks; moreover, the organizational entities subject to the budget may behave in an opportunist manner by exaggerating cost objectives and underestimating performance objectives.

Counter-current procedure

The *counter-current procedure* combines top-down and bottom-up approaches; budgeting may be initiated on a top-down or bottom-up basis.

5.3   Approaches and methods in marketing budgeting

The *resource allocation* task is the economic heart of marketing budgeting. This task takes the limited nature of available corporate resources into consideration and focuses on *determining the amount* of the marketing budget and *distributing* the budget objectively and according to time (Mantrala 2002, pp. 409 f.). A basic distinction is drawn between analytical and heuristic approaches and methods (figure 11; see also Bruhn 2008, p. 214).

Figure 11   Approaches and methods of marketing budgeting

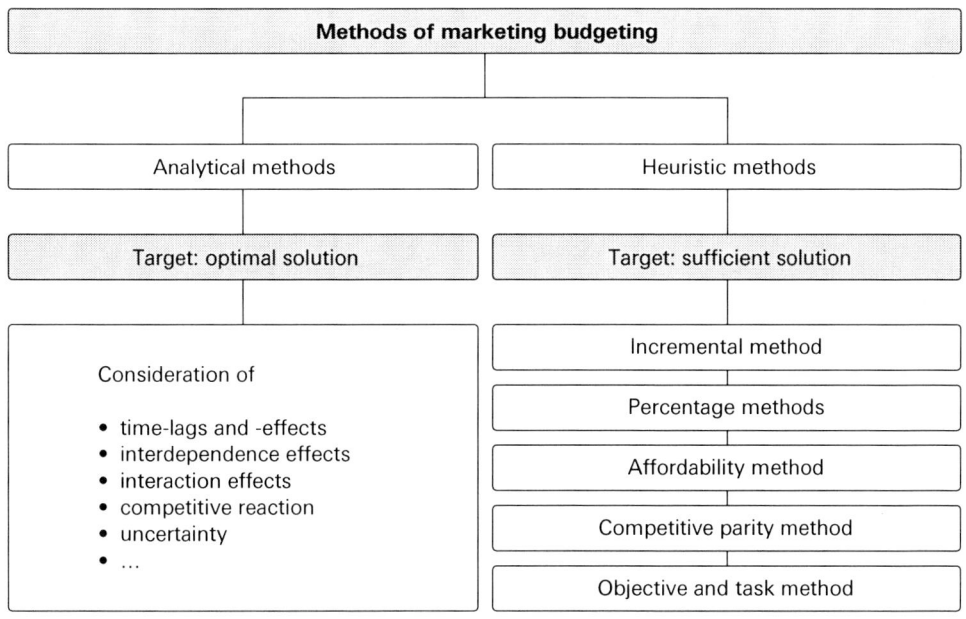

Source: Reinecke/Janz 2007, p. 131.

Analytical methods of marketing budgeting

Analytical approaches to marketing budgeting start by determining the *reaction function* of a marketing output factor (usually turnover, sales, profit contribution or market share) in relation to marketing input factors (usually marketing cost budgets or marketing instruments) by means of econometric models, experiments or subjective assessments; on this basis, the ideal allocation is determined using a (generally problem-specific) algorithm (Albers 1998, pp. 211 f. and Mantrala 2002, p. 411).

Although it is reported that this procedure has been applied successfully on a number of occasions (Doyle/Saunders 1990), we must conclude that key figures are predominantly used in practice, often as rules of thumb (Piercy 1987, Albers 1998, p. 212 and Mantrala 2002, p. 410). The reasons for this are the complex interdependent effects of marketing, poor availability of data and appropriate systems to support decision making (formerly?) and a lack of (statistical) know-how to enable implementation (Albers 1998, p. 212; Bruhn 2008, pp. 214 ff.).

| Heuristic methods of marketing budgeting | This explains why *heuristic* methods of marketing budgeting continue to dominate in companies. In contrast to analytical approaches, these aim to provide *satisfactory* rather than optimized solutions, with relatively low costing expenditure. The following heuristic methods are traditionally quoted in the context of marketing budgeting (see also Bruhn 2008, pp. 215 ff.): |

- Under the *incremental method,* the marketing budget is determined according to the budget for the previous period. The main advantage of this method is fast and low-cost budget determination; disadvantages include a lack of consideration of strategy and competition.
- Under the *percentage methods,* the marketing budget is defined as a percentage of a reference value (such as sales, turnover or profit contribution). This method is fast and simple, but lacks material logic: the marketing budget is determined on the basis of a reference value such as sales, but the reverse does not apply, which can lead to problematic pro-cyclical marketing budgeting.
- Under the *affordability method,* the marketing budget is decided on the basis of available financial resources, taking account of a minimum profit. Although this method takes into consideration the feasibility of financing marketing measures, it misinterprets the causal relationship between marketing budgets and target factors.
- Under the competitive parity method, marketing budgeting is oriented towards the budgets of a company's main competitors. This method is based on the central assumption that a company's market share can be secured in this way. The main disadvantages of the method are the lack of consideration accorded to company-specific marketing objectives and, in many cases, insufficient transparency regarding the marketing budgets of competitors.
- Under the *objective and task method,* the marketing tasks required to achieve certain marketing objectives and measures are quantified and budgeted from a cost perspective. This method adopts an objectively logical and rational approach to the extent that it pays attention to the causal relationship between marketing budgets and marketing output factors. However, at least the main features of this interaction must be recognized – a central premise that is overlooked by most companies.

On the whole, we can conclude that the *ideal configuration for marketing budgeting* largely depends on awareness of the functional interdependencies between marketing input and output factors. To ensure effective marketing budgeting, therefore, it is essential that companies take account of the output-generating effects of marketing measures in particular rather than focusing exclusively on cost controls.

| Marketing budgeting is determined by the situation | Marketing budgeting needs to be efficient in itself and thus *determined by the situation.* Basic percentage methods may be eminently suitable in low-marketing sectors where markets are not very complex and dynamic; on the other hand, the relatively expensive implementation of computer-based analytical methods can be justified in sectors where levels of competition and marketing are high. In this regard, the behavioral aspects of the various |

methods are particularly relevant. For example, the widely used incremental method would seem to be suitable for minimizing conflict between different interest groups within a certain company because it plays a part in preserving the prevailing resource-based power structures (for details cf. Piercy 1986 on behavioral aspects of marketing budgeting).

5.4 Better budgeting and beyond budgeting

Budgeting has been the subject of strong criticism for some time (Schäffer 2003 and Weber/Linder 2003 ff.). Among other things, classic budgeting is criticized because (Neely et al. 2001, pp. 1 f.):

- it is time-consuming and costly without generating value,
- it is year-specific, inflexible and bureaucratic,
- it is totally uncoordinated (or insufficiently aligned) with strategy,
- it increases vertical regulation and control,
- it encourages dysfunctional conduct (e.g. «budgeting games»),
- it is based on unfounded assumptions and intuition, and
- it reinforces departmental barriers instead of promoting cross-company knowledge management.

More recently, two main solutions have been put forward as the answer to the problems associated with traditional budgeting: the *better budgeting* approach advocates *reform of the budgeting process,* while the *beyond budgeting* approach calls for the *complete abolition of budgeting* (for details cf. Weber/Linder 2003). A *cursory evaluation* of marketing budgeting reveals that neither approach takes overall precedent (for details cf. Weber/Linder 2003, pp. 32 ff.; Reinecke/Janz 2007, pp. 134 ff.). Contrary to the sometimes sweeping criticism, *classic budgeting* continues to assert itself as a suitable approach in an environment of limited dynamism, whereas the better budgeting approach is more adaptable to a more dynamic context. Given its market-based coordination, the beyond budgeting approach is ultimately best suited to a dynamic corporate context rather than a complex environment; it should also be noted that implementation of this method is challenging.

6   Marketing audits

6.1   The marketing audit as a marketing health check

In the field of medicine, check-ups are common practice; in marketing, by contrast, precautionary health checks are quite rare. Nonetheless, the objective benefits of check-ups in both cases are evident: in a dynamic field like marketing, it makes good sense to ask ourselves the following fundamental question from time to time: are the measures we are taking in the areas of sales and marketing really judicious and effective?

Marketing audits are nearly always instigated by a change of personnel in senior management or marketing/sales management circles. However, other external stimuli such as takeovers, mergers and cooperation agreements can prompt companies critically to assess the effectiveness of their current sales and marketing measures. Benchmarking, total quality management, certification and rationalization programs initiated by head office can also bring about a marketing audit.

Definition of marketing audit

According to Kotler and Keller (2006, p. 719), a *marketing audit* may be defined as a *comprehensive, systematic, independent, and periodic* examination of a company`s or business unit`s marketing environment, objectives, strategies, and activities (for details cf. Reinecke/Janz 2007, pp. 146 ff.). The audit serves to pinpoint opportunities and threats and draw up a plan of action for improving marketing performance. The individual features of this kind of audit are briefly defined as follows:

- *A marketing audit is comprehensive:* A «real» marketing audit must always encompass the entire sales and marketing area. In contrast to marketing accounting, the main emphasis is on the effectiveness (rather than the efficiency) of the marketing mix as a whole. For example, a price audit in isolation cannot bring about the desired results because it is only possible to assess whether pricing strategies, systems and conditions are expedient in connection with the product policy.

- *A marketing audit is systematic:* Since it serves the purposes of coordinated monitoring, an audit needs a certain structure. A systematic framework ensures simplification, completeness and comparability (*simplification* because it is not necessary to contrive everything from scratch, thus facilitating greater efficiency; *completeness* because audit checklists ensure no central marketing areas are neglected or even overlooked; *comparability* in that the results of the audit can be compared over time or against the results of audits for other business units, thereby supporting the learning process). Kotler (1977, pp. 67 ff.) developed a checklist for assessing the market focus of corporate strategy and thus determining marketing effectiveness (Kotler/Keller

2006, p. 720); the checklist is also suitable for use as an audit instrument (figure 12).

Figure 12

Checklist for evaluating the market focus of corporate strategy

Customer Philosophy
- Need orientation (relevance)
- Market segmentation (intensity)
- Marketing-system view on suppliers, channels, competitors, customers, environment (given – not given)

Adequate Marketing Information
- Use of market research (frequency and intensity)
- Knowledge of sales potential and profitability of different market segments, customers, territories, products, and channels (quality)
- Measurement and improvement of cost-effectiveness of different marketing expenditures (frequency and intensity)

Strategic Orientation
- Formal marketing planning (degree of usage)
- Marketing strategy (quality)
- Contingency thinking and planning (degree of usage)

Operational Efficiency
- Communication and implementation of marketing strategy (quality)
- Effectiveness regarding marketing resources (degree)
- Capacity to react quickly and effectively to on-the-spot developments (speed, efficiency)

Integrated Marketing Organization
- High-level marketing integration and control of the major marketing functions (degree)
- Co-operation of marketing management with management in research, manufacturing, purchasing, logistics, and finance (quality)
- Systematic new-product development process (degree)

Source: Reinecke/Janz 2007, p. 147 with reference to Kotler 1977, pp. 67 ff. and Kotler/Keller 2006, pp. 720 f.

- *A marketing audit is conducted independently:* Marketing managers, particularly in small and medium-sized companies, are often required (and able) to take personal responsibility for a wide range of marketing management control tasks – something that is virtually impossible in the case of a «real» audit. The auditor must be independent of a company in order to ensure the requisite critical detachment: after all, does anyone really question themselves or their decisions?
- *A marketing audit is performed regularly:* Marketing audits should be performed at long but regular intervals (3 to 5 years) or at least intermittently; the dynamism of the market determines the frequency.
- *A marketing audit examines strategy:* On the basis of an assessment of the environment, a comprehensive marketing audit analyses the system of objectives as well as the selected marketing strategy.
- *A marketing audit examines processes and organization:* An audit of this kind also determines whether process flows are efficient and whether the marketing organization applied is expedient. Sales and marketing, for example, must work together efficiently and not con-

flict with one another (which is unfortunately the case in many companies).

- *A marketing audit is action-based:* A doctor does more than carry out an analysis; he also makes a diagnosis and recommends a certain treatment. Although the primary function of marketing audits is monitoring, it is essential that they incorporate diagnosis in the form of a critical assessment. Ideally, various courses of treatment should be deduced and recommended, with the choice of therapeutic measures ascribed solely to the marketing management rather than the auditor. One major difference from the medical field should be pointed out: a marketing audit is not only concerned with diagnosing «health-related» problems, but also with identifying market opportunities.

In conclusion, we can see that marketing audits amount to a key qualitative component of integrated marketing management control which is focused on effectiveness. In particular, a marketing audit offers a sound basis and «baseline measurement» for companies seeking to implement structured marketing management control.

6.2　Brand audits and the brand funnel

A brand audit aims to perform the most comprehensive possible analyses of all variables affecting brand equity in order to obtain indications relating to strategic brand management (among others, Keller 1998, pp. 373 ff. and Reinecke/Janz 2007, pp. 154 ff.).

Brand funnel
In many cases, the so-called *brand funnel* (Braun/Kopka/Tochtermann 2003, pp. 19 ff. and Riesenbeck/Perrey 2004, pp. 100 ff.) is used as a tool of the brand audit. The brand funnel is a behavioral method for comparing a company's (or a competitor's) brands. It is based on a classic step model known as the *AIDA model* which, in spite of justifiable criticism, is the most widely implemented model owing to the fact that it is so easy to remember (Ambler 2000b, p. 299). The model is based on the following formula developed by Lewis (1898/1910) (cited in Töpfer 2005, pp. 865 f.): communication must firstly engage the *a*ttention of a target group before it can generate *i*nterest in the advertised product and ultimately initiate *d*esire *a*nd action (Kroeber-Riel/Weinberg 2003, p. 612). The brand funnel takes the AIDA formula a step further, classifying the process of customer acquisition and retention for each target group segment into five steps: awareness, interest, trial, preference and loyalty (figure 13).

Figure 13   **The brand funnel**

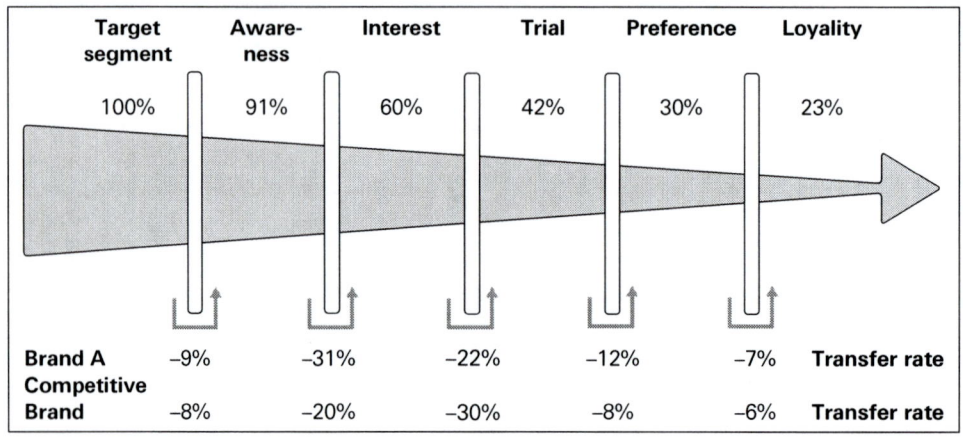

Source: Reinecke/Janz 2007, p. 155 with reference to Braun/Kopka/Tochtermann 2003, p. 19.

The funnel also anticipates *weak points* in the customer process: in *benchmarking comparisons,* at what point are many (potential) buyers or customers lost?

Brand funnel: challenges

The brand funnel is a simple instrument oriented towards effectiveness which aims to provide senior management with indications as to the most effective deployment of (limited) marketing resources. In many cases, the key objective will be to make better use of a reduced marketing budget. However, the brand funnel must be utilized with extreme caution, bearing in mind the following challenges:

1. *Consolidating strengths and minimizing weaknesses:* The brand funnel is often regarded as a defensive tool. Companies must invest to compensate for weaknesses identified in certain areas through comparisons with competitors. On the other hand, in those areas where companies are performing relatively well, over-investment should be avoided. But: successful strategies are usually based on the consistent consolidation of relative strengths; this should lead to extra funding being allocated to areas in which a company is already performing very well (contrary to the funnel logic).

2. Customer segmentation: Analysis and interpretation must be specific to segments; this is because aggregated consideration of all customer groups can lead to the wrong conclusions. For example, the funnels for the «young people» and «best ager» segments can be radically different.

3. *Competitor comparisons:* When making comparisons with competitors in particular, companies must make sure that only the same target customers are compared and contrasted with one another. It wouldn't make sense, for example, to compare the brand funnel of a retail bank with that of a private bank. Funnel comparisons between sectors (of

banks and insurance companies, for instance) must also be treated with caution because purchasing processes and customer involvement can differ greatly. In such cases, however, the brand funnel can be used as an exploratory and heuristic instrument for developing ideas.

4. *Unrefined AIDA model:* The fundamental problem with the brand funnel concerns the basic assumption adopted by the underlying AIDA model, namely that the individual steps must proceed consecutively – a presumption that has been heavily criticized and is now discredited (Aaker/Day 1974, pp. 281 ff.). For example, it has been noted that attitude does not have a one-sided influence on purchasing behavior; on the contrary, *purchasing behavior also influences attitude,* potentially through the utilization of a purchased product or through a trial purchase. According to the ATR theory of reinforcement (Ehrenberg 1974), which is advocated in particular for low-involvement situations, advertising works as follows: *a*wareness followed by *t*rial thereafter *r*einforced by advertising (Ehrenberg 1974 and Kroeber-Riel/Weinberg 2003, pp. 173 f.). In this case, the purpose of advertising is not to induce, but «merely» to reinforce (see also Vakratsas/Ambler 1999).

The *involvement* of the consumer – the degree of inner attachment or personal commitment that consumers devote to communication or to a product, for example (among others, Kroeber-Riel/Weinberg 2003, pp. 370 ff.) – is not sufficiently integrated within the brand funnel. Studies have shown that active brand awareness has the highest behavioral relevance where involvement (regarding the product) is low, while purchasing behavior with high involvement is primarily determined by the brand attitude of the consumer (Janssen 1999, p. 34). In principle, therefore, it would appear to be useful also to distinguish between *users and non-users* of a brand (Kroeber-Riel/Esch 2004, pp. 158 ff.). Moreover, to facilitate a comprehensive brand audit, the brand funnel should be expanded to include attitude-based processes that quantify brand knowledge on a more differentiated basis.

5. *Implications of uniform action:* In many cases, the purpose of utilizing the brand funnel is decided in advance: it is a tool for saving money which will then be invested with great efficiency. In the case of mature brands in particular, this often means financial savings on awareness generation in the front section of the funnel. It would appear logical to make cutbacks in this area (which normally entails expensive mass communication) to then invest some of the savings in customer loyalty, for example, if this is an area where a company is losing out significantly to competitors. However, this approach can lead to companies milking strong brands in low involvement areas.

6. *Difficulty in allocating the marketing budget to funnel phases:* It is often no simple task to allocate the chosen marketing instruments and associated budgets to the respective funnel phases. Sponsoring, for example, can relate to both awareness and loyalty (through corporate hospitality measures). On the positive side, the brand funnel promotes

the differentiated objectives and priorities set by marketing instruments.

7. *Market research data:* Reliable market research data is a precondition for utilizing the brand funnel. Where budgeting decisions in marketing are all made on the basis of this tool, it is essential that the data is both valid and representative. As is the case for most market research data, its information potential is only fully realized over time through tracking analyses; one-time cross-sectional data is far less productive.

In conclusion, we can see that the brand funnel is a valuable auditing and control instrument for marketing managers where applied in a differentiated and segment-specific manner. In particular, the tool is highly focused on the competition and helps managers define, prioritize and monitor differentiated marketing objectives. However, using the tool as an unrefined global instrument for the (one-time) identification of savings measures is risky, especially where users are not sufficiently familiar with the limitations of the AIDA model on which the instrument is based.

Where corporate strategy is focused on shareholder value, there is *no need to redefine marketing*. Despite this, given that the demands of shareholders constitute the main yardstick by which the effectiveness of a marketing strategy is measured, a certain enhancement and change of emphasis is taking place (figure 14).

Shareholder value: utilizing leverage

The system of marketing objectives is being expanded to include cash flow-oriented parameters in particular; factors such as time and risk are becoming increasingly important alongside conventional financial parameters such as sales and revenue. A company that pursues the goal of raising shareholder value has far greater scope for utilizing leverage (Rappaport 1986, Srivastava/Shervani/Fahey 1998, p. 9):

- *Increasing cash flow* (higher income, lower expenditure)
- *Reducing risk* as regards the generation of cash flow (lower volatility/vulnerability of cash flow reduces capital costs)
- *Accelerating cash flow* (time alignment and risk reduce the value of subsequent cash flows)
- *Raising the residual value of an investment* (e.g. remaining term of a patent).

Figure 14   Assumptions for marketing focused on shareholder value

	Traditional assumptions	**Extended assumptions**
Purpose of marketing	Create value for customers	Develop and exploit market potentials to deliver shareholder value
Marketing stakeholders	Customers, competitors, partners	Shareholders and potential investors
Perspective on customers, products and channels	Objects of marketing's actions	Assets that must be cultivated and leveraged
Relationship between marketing and finance	Good market results lead to positive financial results	Interface between marketing and finance needs systematic management
Input to marketing analysis	Understanding of customers and the marketplace	Financial consequences of marketing decisions
Marketing decision-making participants: internal	Principally marketing professionals; others if deemed necessary	All relevant managers irrespective of function or position
Management focus	Marketing-mix	Management of the four core tasks (customer acquisition, customer retention, product innovation, product maintenance)

	Traditional assumptions	**Extended assumptions**
Decision enforcement	Input- and process-related instructions	Target-oriented instructions, internal discussion of feed-back
Assessment of marketing activities	Spending resp. expenses	Impact of strategies on cash flow, generated added value
What is measured	Product-market results: assessments of customers, channels, and competitors	Financial results; configuration of market-based assets (customer and brand equity)
Operational measures	Sales, profit contribution, market share, customer satisfaction, return on sales	Net present value of cash flow, shareholder value

Source: Reinecke 2004, p. 230 with reference to Srivastava/Shervani/Fahey 1998, p. 3.

Sales and marketing have traditionally been (excessively) driven by revenue and sales volume (Churchill/Mullins 2001, p. 141); there has been little emphasis on the risks relating to future cash flows or the speed at which cash flows are achieved (consider payment terms). However, we must not overlook these drivers of value. Given the greater focus on reflection, *greater importance must be attached* to the aspects of *current value of money and risk* in the context of marketing management control. The shareholder value approach enables companies to *evaluate future marketing strategies.* One of the main aims of marketing is profitable growth. Cost reductions and downsizing may increase cash flow in the short term, but only profitable *sales growth* can impact shareholder value in the long term. Over a five-year period, sales growth of 10 percent (with a constant margin) translates into a 32 percent increase in shareholder value (figure 15); at growth of 20 percent, shareholder value rises by 78 percent. However, given that some funds are invested in growth stimulation, cash flow decreases in the short term.

Figure 15   Example calculation of shareholder value (in million €)

	Basis	Year 1	Year 2	Year 3	Year 4	Year 5
Sales	100.0	110.0	121.0	133.1	146.4	161.1
Operating margin	10.0	11.0	12.1	13.3	14.6	16.1
Tax (30 %)	3.0	3.3	3.6	4.0	4.4	4.8
Net operating profit after tax (NOPAT)	7.0	7.7	8.5	9.3	10.2	11.3
Net investment		4.0	4.4	4.8	5.3	5.9
Cashflow		3.7	4.1	4.5	4.9	5.4
Discount factor (r = 10 %)		0.909	0.826	0.751	0.683	0.621
Present value of cash flow		3.4	3.4	3.4	3.4	3.4

Cumulative present value	16.8	Initial shareholder value	52.0
Present value of continuing value	70.0	△ Shareholder value (68.8 – 52.0)	16.8
Other investments	7.0	Implied share price (3 million shares)	€ 22.93
Value of debt	−25.0	Initial share price	€ 17.33
Shareholder value	68.8	△ Shareholder value (68.8 – 52.0)	32 %

Source: Reinecke/Janz 2007, p. 390 with reference to Doyle 2000, p. 301

This method also confirms the *positive influence of strong brands* on share-holder value. Many strong, market leading brands achieve a clear price premium of up to 40 percent; strong brands have greater advertising elasticity (and thus effectiveness), are characterized by ease of brand/product enhancement and are associated with low risk (Doyle 2000 and references cited therein).

The example in figure 16 shows that shareholder value can be more than doubled where a 10 percent *higher price* is asserted. «There is no more dramatic proof of the power of brands than simulating the effects of brand premiums on shareholder value on spreadsheet» (Doyle 2000, p. 303). Although *cost reductions* of 10 percent (owing to lower listing payments to retailers, for example) can achieve a substantial 35 percent, they have a far lesser impact on shareholder value. Where a company succeeds in cutting investments by 10 percent (for example, by optimizing distribution partnerships), this equates to a seven percent increase in shareholder value.

Figure 16

Simulation of the effects of marketing strategies on value for a fictitious company (in million €)

	Discounted cash flow	Present value of residual	Shareholder value	△ Shareholder value	Share price (in€)	△ Shareholder value in %
No sales growth	26.5	43.5	52.0	0.0	17.33	0 %
Sales growth (+ 10 % p.a.)	16.8	70.0	68.8	16.8	22.93	32 %
Sales growth (+ 20% p.a.)	2.2	108.2	92.3	40.3	30.76	78 %
Price increase (+ 10%)	51.3	86.9	120.2	68.9	40.07	131 %
Operating costs cut (– 10%)	33.4	54.8	70.2	33.6	23.40	35 %
Investment rate cut (–10%)	30.2	43.5	55.6	3.6	18.53	7 %
Accelerated cash flow (1 year)	18.2	70.0	70.2	18.2	23.40	2 %[1]
Cost of capital cut (– 10%)	27.2	45.5	54.7	2.7	18.23	5 %
Extending growth period (+ 1 year)	20.5	70.0	72.5	20.5	24.17	5 %[1]

[1] Compared to a 10 % sales growth base case.

Source: Reinecke/Janz 2007, p. 391 with reference to Doyle 2000, p. 304.

In most cases, the *residual value of an investment* comfortably exceeds the value of the cash flow, which is generated in the planning period (for example, five years). This ultimately depends on two factors: the sustainability of a company's competitive advantage (and thus brand strength) and the generated real options for growth (Copeland/Antikarov 2001). Specific marketing expertise (such as a unique skill in product development), strong customer relationships, exclusive distribution systems and strong brands (Reinecke 2004, pp. 232 f.) significantly influence cash flow (simulated in figure 16 with an extended growth period).

Marketing control and management divisions can substantiate the positive effects of profitable, marketing-induced growth strategies with shareholder value calculations; moreover, it is clear that although a reduction in advertising costs directly raises operating profit, it also reduces shareholder value

over the long term. The direct influence of advertising on sales is very minor; the largest advertising elasticity observed is 0.2, which means that intensification of advertising to the tune of 10 percent produces sales growth of 2 percent (Doyle 2000, p. 308).

In low involvement situations, the pressure exerted by senior management on marketing (and especially advertising) budgets can be extremely high, particularly in view of the fact that two thirds of costs are variable. However, the calculations in figure 17 clearly show the damaging impact on long-term shareholder value where short-term cost considerations result in *advertising expenditure* (of € 5 million) being cancelled in such a situation – even if it positively influences operating profit in the first instance. (The initial assumption is that advertising elasticity is only 0.1; complete cessation of advertising reduces sales by just 10 percent; and this effect is halved every year. The second assumption is that the lower sales volume results in a lower price premium because the retail sector is able to enforce bigger discounts.) Overall, the cessation of investment in advertising cuts shareholder value by almost one third, an effect that can primarily be attributed to the lower price premium.

Figure 17 **Simulation of the effects on shareholder value of cancelling advertising measures (in million €)**

	Base	Year 1	Year 2	Year 3	Year 4	Year 5
Sales (unit)	100.0	90.0	85.5	83.4	82.3	82.3
Price	1.00	0.99	0.98	0.97	0.96	0.95
Revenue	100.0	89.1	83.8	80.9	79.0	78.1
Variable costs	66.7	60.0	57.0	55.6	54.9	54.8
Fixed costs	23.3	18.3	18.3	18.3	18.3	18.3
Operating profit	10.0	10.8	8.5	7.0	5.8	5.0
Steuer (30%)	3.0	3.2	2.6	2.1	1.7	1.5
Net operating profit after tax (NOPAT)	7.0	7.5	5.9	4.9	4.1	3.5
Net investment		−4.0	−1.8	−0.9	−0.4	0
Cash flow		11.5	7.7	5.7	4.5	3.5
Discount factor (r = 10%)		0.909	0.826	0.751	0.683	0.621
Present value of cash flow		10.5	6.4	4.3	3.1	2.2
Cumulative present value	26.4	Initial shareholder value				70.0
Present value of continuing value	21.6	△ Shareholder value (48.0–70.0)				−22.0
Shareholder value	48.0	△ Shareholder value				−31%

Source: Reinecke/Janz 2007, p. 392 with reference to Doyle 2000, p. 309.

Generally speaking, there are *five main reasons* (see figure 18) why shareholder value analyses are of benefit to marketing management (Doyle 2000, p. 310 and Lukas/Whitwell/Doyle 2005, pp. 416 ff.):

1. The shareholder value approach helps marketing management *define clear objectives* and operationalize those objectives. Marketing thus pursues the aim of raising shareholder value rather than unprofitable growth.

2. Shareholder value analyses provide marketing management with a *strong theoretical basis for argumentation* which speaks the language of senior management and the stock market. This simplifies cross-functional coordination.

3. The shareholder value approach enables marketing management to improve documentation of the *value of marketing assets,* which include superior knowledge and skills as well as brands and customer relationships.

4. Where utilized correctly, shareholder value analyses substantiate the *benefits of profitable marketing investment;* instead of being regarded as a cost (as in traditional accounting), marketing is presented and calculated as an investment. It is also possible to demonstrate that short-term and opportunist budget cuts have deeply damaging effects on

shareholder value in the long term (in particular, see also Mizik/Jacobson 2007).

5. «Shareholder value analysis is tautological without a creative marketing strategy» (Doyle 2000, p. 309). Value-oriented calculations are meaningless in the absence of a strategic basis setting out how to achieve competitive advantages (Day/Fahey 1990, p. 162). *Marketing is thus central to a strategic debate:* in the long term, why should a customer choose to purchase from our company rather than a competitor?

Figure 18　　　　**Benefits to marketing of the shareholder value approach**

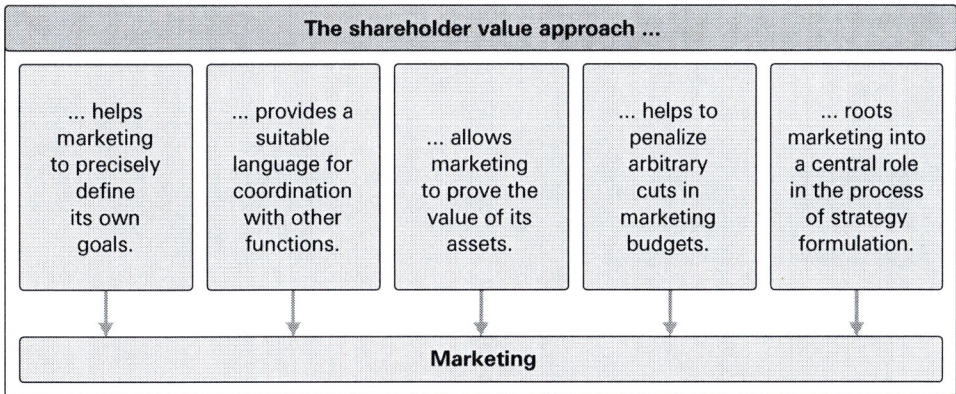

Source: With close reference to Lukas/Whitwell/Doyle 2005, p. 416.

With an «inclusive» strategy of this kind, marketing managers in particular can reveal a purely rhetorical application of the shareholder value concept. However, this *approach demands a genuinely long-term perspective:* without this, it can only lead to rationalization and downsizing (Lukas/Whitwell/Doyle 2005, p. 439) and not to an increase in shareholder value. After all, if marketing managers are unable to assess strategic sustainability in competitive comparisons, who is?

8 Customer valuation

The task of strategic customer valuation is to pinpoint, expand and utilize *future success potential.* This may involve identifying at the earliest possible time structural fractures in the customer base which could present opportunities or threats (Link/Gerth/Vossbeck 2000, pp. 67 ff.). In the first instance, customer success potential is ascertained by means of customer equity concepts; long-term marketing strategies are then based on this potential in the next step. Selected methods of analysis are described below.

8.1 ABC analysis

One method commonly used by companies to analyze their customer base is the *ABC analysis,* in which customers are arranged in sequence according to a performance indicator (usually sales or profit contribution). Customers are thereby assigned to an ABC classification according to attractiveness, with A customers the most attractive and C customers the least attractive clients.

In many cases, this process results in a classic 80:20 distribution (see figure 19). According to the so-called *pareto principle,* this means that 20% of all customers generate 80 % of total profit. Distributions such as 20:225 have been noted in individual cases (Cooper/Kaplan 1991), whereby 20s % of customers have generated 225 % of profit and the remainder have lowered the average.

Figure 19   ABC analysis with 80:20 distribution

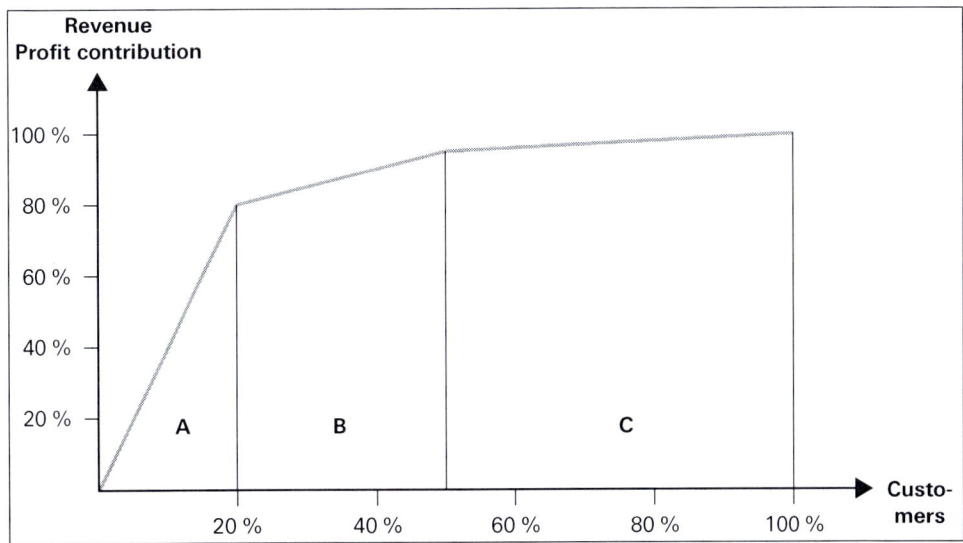

Source: With reference to Scheiter/Binder 1992.

Where cost-specific questions are at issue, it is often useful to incorporate sales as well as costs in the ABC analysis (Rieker 1995, p. 56). Scheiter and Binder (1992) use a case study to demonstrate that B customers can be the most profitable where full costs are taken into account (see figure 20).

Figure 20   ABC analysis based on full cost accounting

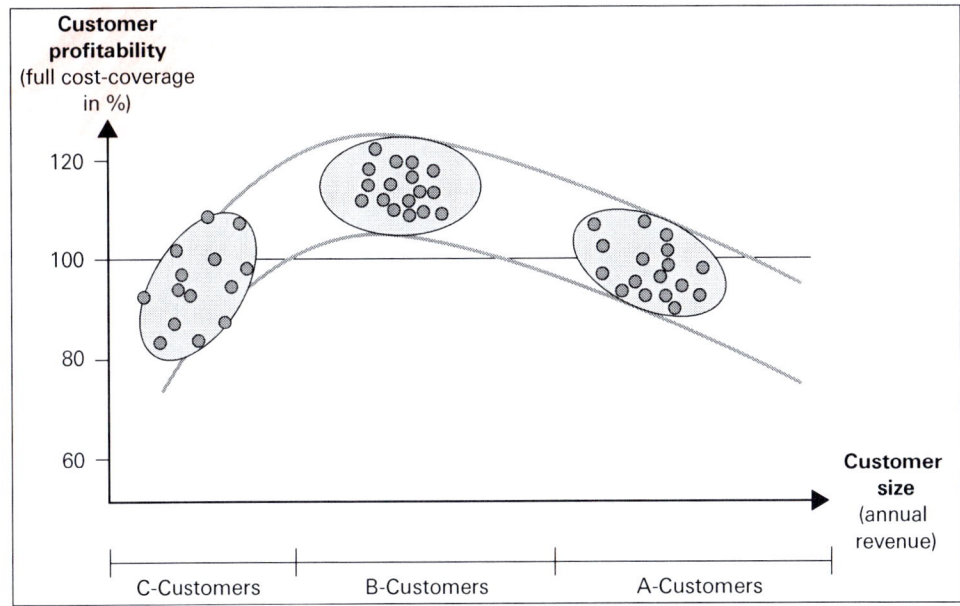

Source: With reference to Scheiter/Binder 1992.

An ABC analysis indicates which customers should be processed with high priority and which clients are making a lesser contribution to success. The method is also useful for monitoring the equilibrium of the customer structure as well as shifts within this structure (Schmöller 2001, pp. 137 f.). The method has serious shortcomings in view of its low level of future focus and its one-dimensional (i.e. monetary) evaluation of customers. Decisions on customer selection should never be made exclusively on the basis of the portfolio.

8.2 Scoring models

Scoring models enable companies to take *monetary and non-monetary factors* into account. Rather than being fed directly into the analysis, key monetary data is expressed on a standardized scale adapted to the scoring model. As with classic *value benefit analysis,* scoring models start by drawing up a list of all relevant criteria. When customers have been assessed using these criteria on a standardized scale, the results are summarized to produce an overall value by means of weighting factors (see figure 21). The extent to which specific criteria influence the evaluation of customers is determined by the weighting applied. Decisions relating to investment in customers are largely informed by a customer's aggregated *total score.*

Figure 21   Scoring model

Points / Criteria	1	2	3	4	5	Weight	Score
Quantity demanded				☒		30	120
Growth potential		☒				10	20
Price sensitivity			☒			20	60
Customer loyalty			☒			5	15
Credit rating		☒				5	10
Share of wallet					☒	10	50
Continuity of orders			☒			5	15
Lead user	☒					5	5
Strategic Partner	☒					5	5
Fit to own resources				☒		5	20
Sum						100	320

Source: With close reference to Krafft/Albers 2000.

The best known scoring model is the *RFM (or RFMR) model,* which takes its name from the elements of *recency, frequency* and *monetary ratio.* This

method, commonly used in the mail order business, works by assigning higher scores to customers who have made purchases recently (recency) than to customers whose last purchase was made a long time ago. The more often a customer makes a purchase (frequency) and the higher the value of the purchase (monetary ratio), the higher the rating for that customer.

Given their *flexibility* regarding the number and type of possible variables (monetary or non-monetary) and the type of scale (nominal, ordinal or metric), scoring models are capable of reflecting the *multi-dimensional nature* of the customer equity construct. However, the methodical procedure for determining and operationalizing the parameters can be problematic. Since this procedure requires the most objective possible evaluation basis and a methodically developed summarization system in order to avoid *apparent accuracy,* the process of calculating the customer score ultimately determines the validity and viability of the evaluation tool. For example, criteria should be *complete* and *independent,* something that can rarely be guaranteed in practice on account of the high number of criteria applied.

8.3 Customer lifetime value models

Customer lifetime value models (CLV models) are useful where the investment aspect and customer lifecycle are at the forefront of customer evaluation. Dwyer (1997) divides these models into two categories:

Lost-for-good model

1. The *lost-for-good model* is based on the relational marketing approach; in other words, this model is focused on customer retention. Customers are strongly tied to a certain supplier because of high level commitment or substantial switching costs. If a customer terminates a relationship with a supplier, it is assumed that this customer has been lost for good.

Always-a-share models

2. *Always-a-share models* are based on customer migration. These models adopt a transaction-focused view, according to which customers are engaged in business relationships with a number of suppliers. According to the situation, customers decide which purchases to make from which supplier.

Models based on customer retention can be defined according to the entire customer base or individual clients. The net present value of a customer is determined by means of all present cash values for that customer across its entire lifetime (Reichheld/Sasser 1990, p. 109; Blattberg/Deighton 1996, pp. 137 f.). In other words, the customer lifetime value calculation is derived from the sum total of discounted cash flows for that customer. Individual customer equities are added to give the customer lifetime value for the entire customer base.

The advantage of CLV models (compared to the models considered earlier) is that they look ahead and build on customer *cash flows* (Cornelsen 2000, p. 140). Given the multitude of calculation models that exist, the real challenge lies not in finding a model, but in choosing the operationalization appropriate to the strategic corporate context and making *assumptions appropriate to the situation.* The lost-for-good and always-a-share customer relationship models can help companies choose a model in keeping with intended strategic implications. In practice, however, a conflict of objectives tends to arise between *complex, situation-specific modeling* on the one hand and viability and methodical intricacy on the other. Figure 22 shows the *numerous influences* on customer lifetime value that must be taken into consideration when performing calculations.

Figure 22   **Factors influencing customer lifetime value**

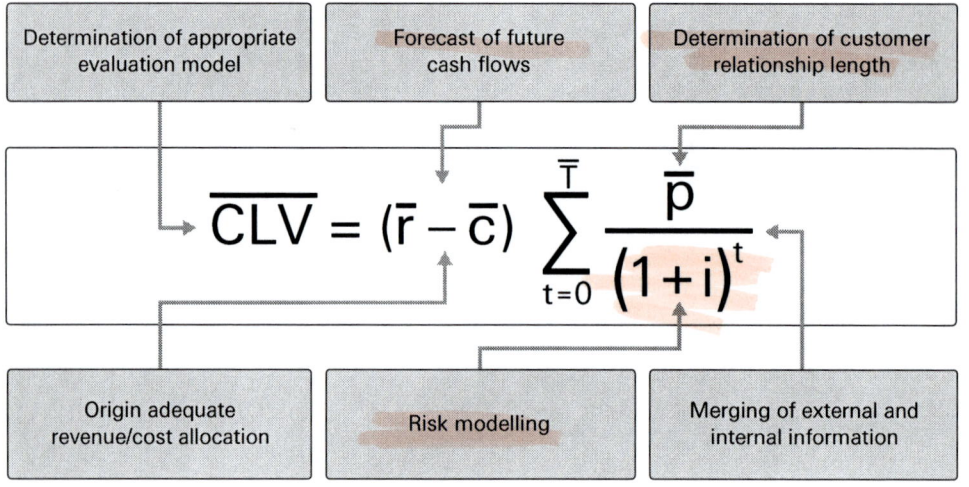

Source: Own diagram based on Reinecke/Keller 2007.

8.4   Customer portfolio models

In common with ABC analyses, customer portfolio models are used to analyze customer structure. The basic idea is to analyze the customer portfolio using two dimensions so that investment decisions can be made on the basis of the findings. Basically, one analytical dimension is linked to the (manipulable) corporate component while the other dimension reflects the (virtually non-manipulable) environmental element (Schmöller 2001, p. 138). The spread of risk is assessed and customer management strategies are defined on the basis of customer concentrations.

In another similarity with ABC analyses, the customer portfolio model represents customers and customer segments on two axes (see figure 23). *Customer attractiveness* and a company's own *relative competitive position* are the dimensions most often applied. Potential variables for attractiveness include sales growth and the development of profit contribution as well as customer equity calculated using a scoring/customer lifetime value model. The company's own «*share of wallet*» is often used to determine the relative competitive position.

Customer portfolio analyses produce clear heuristics from which *norm strategies for customer processing are derived.* Where the portfolio matrix is split into four fields, customers (or customer segments) with high attractiveness and a weak competitive position can, for example, be designated «developing customers». In this case, it is necessary to check whether the competitive position can be improved with specifically targeted measures (Link/Hildebrand 1993, p. 53).

Figure 23 **Customer portfolio model with target/actual comparison or development trend (dotted circle)**

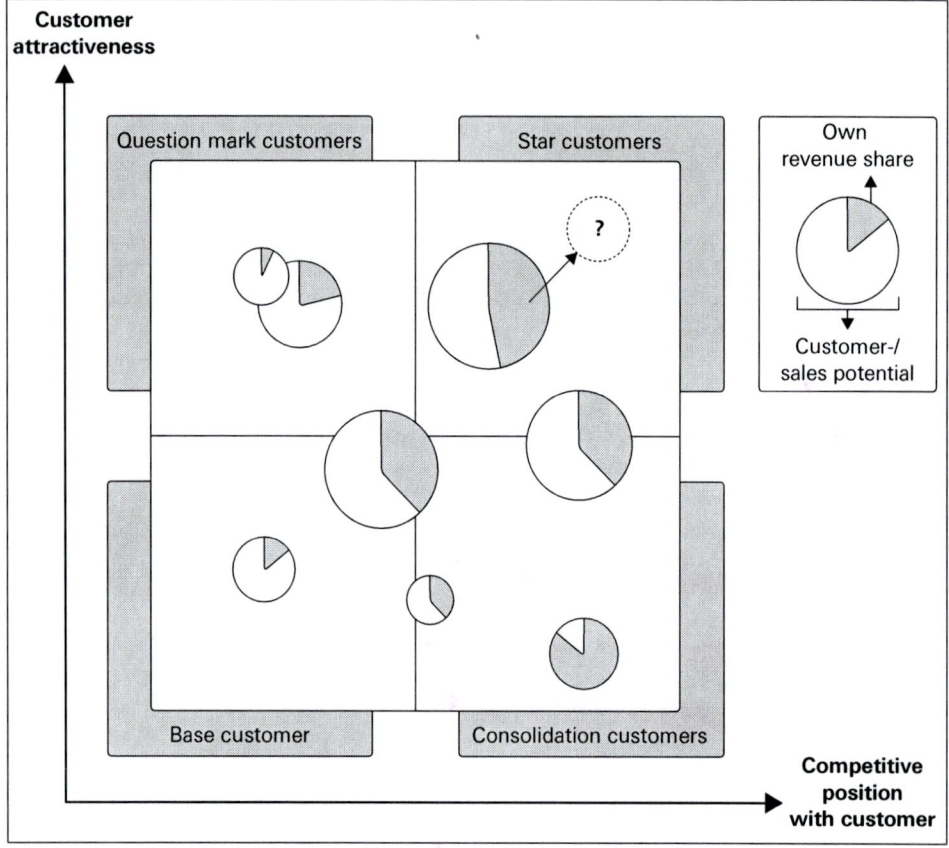

Source: Reinecke/Keller 2006, p. 266 with reference to Homburg/Daum 1997, p. 396.

Given the degree of aggregation, this method is especially suitable for customer segments or companies with *low numbers of customers.* This also explains why this kind of analysis is widespread in the business-to-business area (Homburg/Schnurr 1998, p. 183). Moreover, *a multi-level procedure* is conceivable whereby, for example, all distribution channels (e.g. specialist trade, wholesale, exporters) are analyzed, followed by the individual companies in each channel (e.g. specialist dealers). Despite the considerable *reduction in complexity,* the method provides enough stimuli to enable the compilation of packages of measures; norm strategies must nonetheless be treated with extreme caution.

9 Establishing performance measurement systems for sales and marketing

Metrics compress and communicate

Business performance indicators are figures in compressed form providing information on a business matter than can be expressed in numbers (Staehle 1967, p. 62). The inherent characteristic of key figures is the *compression of quantified information* (Wolf 1977, p. 11); given this attribute, they minimize the risk of technical and semantic misunderstandings occurring as information is passed from the transmitter to the recipient (Staehle 1973, p. 223). Key figures are thus very important in the field of marketing management control; in general, however, they only obtain significance when compared (Siegwart 2002, pp. 13 ff.) by means of internal *time, target/actual or object comparisons.*

Functions of performance measurement systems

In the following, marketing performance measurement systems are understood to be systems in which parameters relating to market-oriented management are classified for a particular purpose (Reinecke 2004, p. 76); that is to say, the logical and/or arithmetical linking of several metrics which are mutually dependent and complementary. They fulfill three functions (Geiss 1986, pp. 104 ff. and Caduff 1981, pp. 45 ff.):

1. *Analysis function* (e.g. performance measurement system for ascertaining brand strength)
2. *Guidance/control function* (certain metrics are used as terms of reference, e.g. return on investment, market share, customer satisfaction)
3. *Documentation function* (storage of target/actual parameters).

9.1 The basic structure for a task-based marketing performance measurement system

The remarks below outline an ideal type of a structural basis (figure 24) for the establishment of a situationally appropriate and integrated marketing performance measurement system for a certain business unit (for an overview of other performance measurement systems cf. Reinecke 2004).

Figure 24   **Basic structure for a task-based marketing performance measurement system**

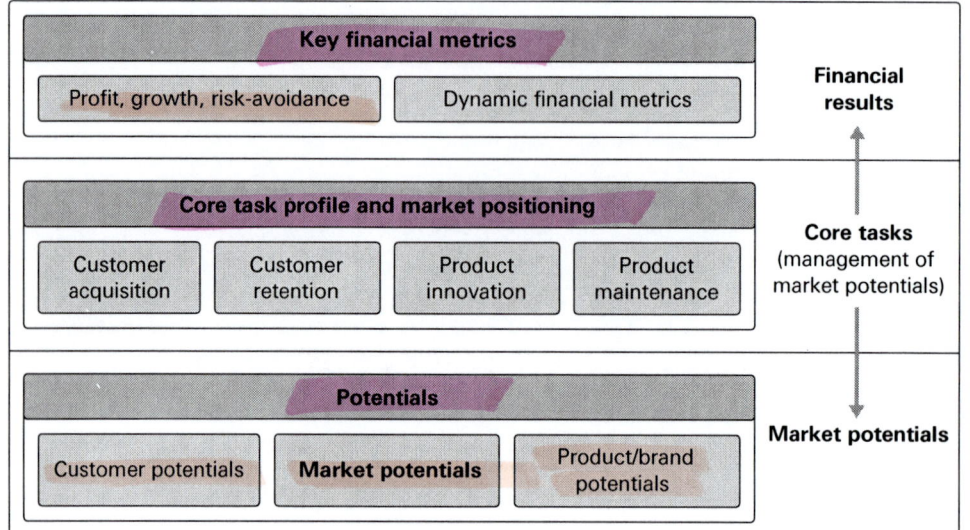

Source: Reinecke 2004, p. 384.

1.
Key financial
metrics

The *first level of* the performance measurement system as a whole concerns the *key financial metrics,* which quantify the extent to which the defined profit, growth and security targets of a company or business unit have been met. These key financial metrics are substantiated within the «core task profile», which defines and measures those task areas (customer acquisition, customer retention, product innovation and product maintenance) in which profitable growth should be targeted, or has been achieved.

2.
Management
of customer
and product
potential

Since financial parameters alone cannot express the content of marketing results nor implement strategies, aspects of customer and product potential management are represented at the *second stage;* of particular significance are the performance indicators on market positioning as non-monetary target and result factors. This *task-oriented level* defines and substantiates the marketing strategy.

3.
Evaluation of
market
potential

The *third level* in the performance measurement system evaluates market potential, which is of central significance to marketing. The treatment of market potential (second level) is reflected not only in financial results (first level), but also has an impact on potential itself (third level). Effects stemming from changes in brand and customer equity must be taken into account to ensure the effectiveness of marketing in the long term (Maul 2000, p. 530 and Ambler 2003, p. 7).

9.1.1 Financial metrics as the first level of the performance measurement system

In simplified terms, a focus on discounted cash flows or shareholder value can be both appropriate and justified for profit-making companies. A distinction is drawn here between key financial metrics and the «core task profile'.

The *key financial metrics,* as performance indicators, carry out the function of reducing complexity; they also serve to link the marketing performance measurement system and cross-company controlling. Classic financial performance measurement systems tend to focus on return-on-capital factors such as return on equity or return on investment (as in the DuPont system of financial control). However, taking a functional view of sales and marketing, factors of this kind are of little benefit because it is extremely difficult to define marketing-specific capital/asset factors which are attributable and controllable, or usefully relate these to marketing result factors (Kiener 1980, p. 168 and Köhler 1993, p. 288).

Profitability, growth and security as target categories

Marketing scientists and managers alike have made attempts to define the «perfect» financial performance indicator. However, bearing in mind that every metric is a model, and that every model is a simplified expression of reality, there can be no such thing as the perfect performance indicator. In particular, metrics such as «return on investment» or «return on marketing» have received heavy criticism in scientific literature (cf. Ambler/Roberts 2006). In marketing science (Diller 2001, p. 6), it has proved effective to differentiate between the three target categories of *profitability, growth* and *security* and risk minimization. These targets complement one another to some extent, but also conflict with one another to a degree, thus necessitating prioritization and weighting. Stock companies, for example, have different target systems to private companies - and this significantly influences the key marketing data applied. For listed corporations, growth is often the guiding theme of corporate development, whereas private companies accord a higher priority to risk minimization. In the field of sales and marketing, many companies place a greater emphasis on growth factors such as turnover or sales than on profit or profitability-oriented metrics (Reinecke 2004, p. 136).

Figure 25 summarizes a number of central parameters in the three target categories; particular reference is made to the key performance indicators often applied in real-life situations (Reinecke 2004, pp. 142 ff.). In this context, the profit contribution serves a central interface function (Becker 2001, p. 61).

Figure 25   Selected key financial metrics

Profit	• One-period-result: profit, imputed profit (balance of revenue and costs), marketing/sales contribution to operating income (profit contribution less fixed costs) • Capital profitability: return on investment, return on assets, return on equity • Relative to achieved growth: sales profitability, ratio of marketing or sales contribution margin to revenue • value-based profitability: revenue to expense-ratio
Growth	• Revenue (growth), market share (value): absolute, relative (to industry or main competitor • Sales (growth) (units), market share (units): absolute, relative (to industry or main competitor) • Capital turnover: net sales to total capital ratio • Stock turnover: rate of inventory turnover
Security (risk avoidance)	• Analysis of receivables: accounts receivables, write offs, credit period • Liquidity ratios: cash ratio, quick ratio, current ratio, ratio of liquidity to cash receipts. • Autonomy: debt to equity ratio, degree of equity financing

Source: Reinecke 2004, p. 247.

The metrics in these three target categories often attract criticism on account of their static nature (Reichmann 1997, p. 358). In theory, *cash flow* has become the established gauge for evaluating both the financial position and the earnings situation (Horváth 2006, p. 425). The discounted cash flow integrates all three target categories as well as the time factor: it focuses on discounted profit (for example, cf. Wöhe 2008, p. 204) while taking account of growth as a driver of value. The aims of risk minimization and security are reflected in particular in the interest rate applied as well as the plausibility of the underlying assumptions. It would therefore seem prudent to accord a higher priority to cash flow earned from operational business as a target factor in marketing.

The following aspects as regards financial metrics relevant to marketing must be emphasized:

1. The determination and prioritization of principal corporate objectives (growth, profit and security) influences the selection of key (marketing) performance indicators to a considerable degree.
2. The financial metrics should reflect the target system. Empirical results (Reinecke 2004, pp. 134 ff.) lead us to conclude that in most cases, profit and security targets must be integrated in performance measurement systems to a greater degree than was previously the case. Growth targets tend to be sufficiently covered.

Figure 26   **Analysis of the core task profile**

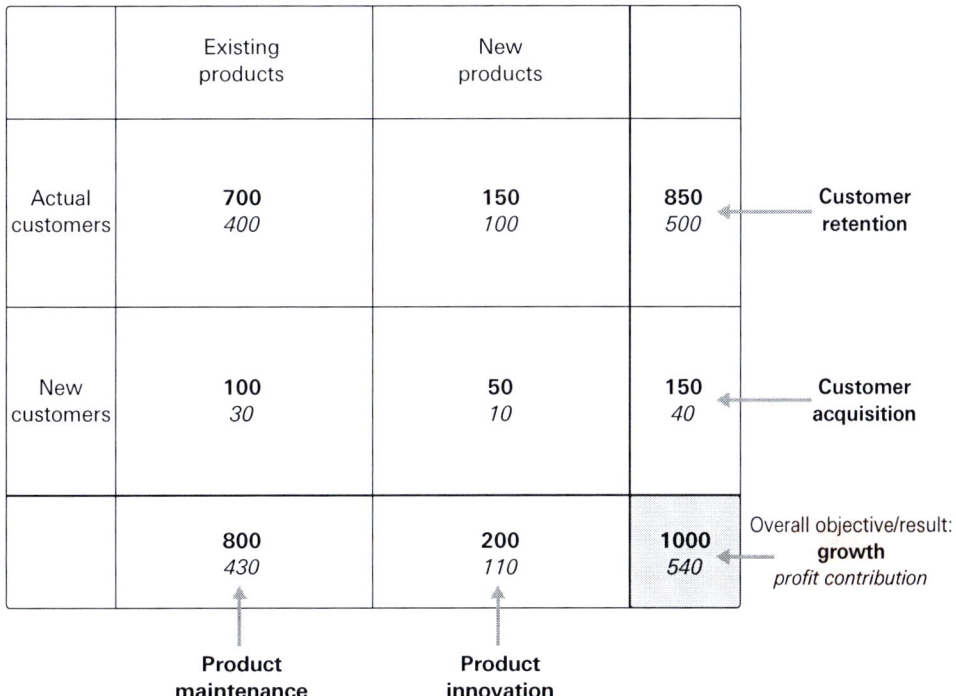

	Existing products	New products		
Actual customers	**700** *400*	**150** *100*	**850** *500*	**Customer retention**
New customers	**100** *30*	**50** *10*	**150** *40*	**Customer acquisition**
	800 *430*	**200** *110*	**1000** *540*	Overall objective/result: **growth** *profit contribution*
	Product maintenance	**Product innovation**		

Source: Reinecke 2004, p. 253.

The *core task profile* provides the pivot point between formal economic factors on the one hand and the psychographic parameters of purchasing behavior on the other: the latter in turn form a central hub in marketing. The connection is established through a factor that is central from a marketing viewpoint: purchases made (as the product of complex purchasing behavior) and sales (as a driver of growth and profit).

The core task profile to which a company aspires indicates which of the four core tasks (customer acquisition, customer retention, product innovation and product maintenance) should be at the heart of marketing planning (for details cf. Kuss/Tomczak/Reinecke 2007, pp. 130 ff.). It may be planned and controlled, for example, by means of sales and profit contribution analysis. The example in figure 26 shows the typical core task profile for a so-called potential exhauster, in which the sale of existing products (product maintenance) to existing customers (customer retention) accounts for both the greater part of sales and an even greater proportion of the profit contribution generated.

The core task profile may be refined with *supplementary parameters:* for example, sales and quantity ratios (sales of new products in relation to sales of existing products) are possible on the product level; parameters defining

the ratio between new and existing customers can be added to the customer level.

9.1.2 Task-related key data modules as the second level of the performance measurement system

Value-oriented parameters are meaningless in the absence of a strategic basis. For this reason, formal economic parameters must be supplemented with marketing-related performance indicators. In contrast to formal economic aims, formal mathematical analyses are of little relevance to psychographic marketing metrics because the underlying complexity of purchasing behavior cannot be «calculated» (Köhler 1981, p. 280, Meffert/Bumann/Kirchgeorg 2008, p. 21 and Becker 2001, p. 64). A distinction can be drawn between two areas of key data:

a) Comprehensive performance indicators of market positioning

Performance indicators of market positioning

At the top level, key figures must be defined in relation to the basic treatment of customer and product potential. These non-monetary metrics serve to operationalize the content of the marketing strategy and, in particular, express the (desired) *market position.* Taken together, these marketing aims signify the conditions that a company wishes to bring about (Meffert/Burmann/Kirchgeorg 2008, p. 21) through the application of marketing instruments. Reference to the relevant market is invariably critical to the corresponding operationalization of positioning factors according to content, scope and time (Meffert/Burmann/Kirchgeorg 2008, pp. 247 f. and Steffenhagen 2008, pp. 60 f.). In particular, these *non-monetary marketing performance indicators* (figure 27) are influenced by a company's fundamental strategic alignment (Kuss/Tomczak/Reinecke 2007, pp. 121 ff.). A universal catalog is not possible.

Figure 27   Selection of central performance indicators for market positioning

	Metric	Operationalization
Market share	Unit based	Percentage of own sales in units on total sales in units of all suppliers in the relevant market
	Value based	Percentage of own revenue on total revenue of all suppliers in the relevant market
	Customer based	Percentage of own customer base on total (potential) customer base

	Metric	**Operationalization**
Price level	Relative price	Ratio of value based vs. unit based market share
	Price range compliance (unit based)	Percentage of sales in units achieved within the targeted price range of total sales
	Price range compliance (price based)	Percentage of revenue achieved within the targeted price range of total revenue
Market penetration	Numeric distribution rate	Percentage of stores that have listed the own brand on the total number of stores that have listed brands in the same category
	Weighted distribution rate	Percentage of the revenue of stores that have listed the own brand on the total revenue of stores that have listed brands in the same category
Awareness	Recall (unaided awareness)	Percentage of target customers that name the own brand spontaneously
	Recognition (aided awareness)	Percentage of target customers that recognize the own brand
Image	(Brand) likeability	Percentage of customers in the relevant market that rate the company/brand as likable
	(Brand) status	Ratio of awareness, (brand) likeability and (brand) usage
	(Brand) image	Type and degree of attributes and competences that are associated with the company/brand/product
Customer satisfaction	Customer satisfaction index	Percentage of customers that are (very) satisfied with the company/brand
	Relative customer satisfaction	Ratio of own customer satisfaction index to customer satisfaction index of the main competitor

Source: Reinecke 2004 , p. 258 with reference to Becker 2001, pp. 65 ff.

b) Task-oriented key metric modules

Metrics for customer acquisition, customer retention, product innovation and product maintenance

Alongside the performance indicators for market positioning, it is possible to *define metrics for the four core tasks of customer acquisition, customer retention, product innovation and product maintenance* (for details cf. Reinecke 2004, pp. 255 ff.). These address the questions of why a company is particularly successful at one particular core task and which measures could be appropriate for successfully tackling another core task.

To guarantee a certain basic structure, it is necessary to base each of the four core tasks on a simple model which enables cause-and-effect analyses to be performed. For example, the basic and simplified (for criticism cf. Reinartz/Krafft 2001) *functional chain of customer retention* can be summarized

9 Establishing performance measurement systems for sales and marketing

as follows: customer retention management measures result in customer satisfaction, which leads on to positive customer intentions (Zeithaml/Berry/Parasuraman 1996a, p. 33 and Helm 1995, p. 29) and thus to customer retention, which in turn produces economic success (Homburg/Bruhn 2008, p. 10). For a company to evaluate its effectiveness as regards customer retention, it must analyze customer retention measures (processes enacted between the company and the customer) and apply *intentional effectiveness control* (indicators of intended purchasing behavior which can only be measured indirectly) as well as *actual effectiveness control* (measurement of actual purchasing behavior) (figure 28; Diller 1996 and Homburg/Bruhn 2008, p. 27). Metrics that determine the customer structure must also be taken into consideration.

Figure 28   **Selected metrics for measuring customer retention effectiveness**

Processes	• *Contact intensity:* number of contacts with regular customers within a defined period • *Offer pace:* average duration of offer preparation • *Number of offers:* number of offers provided to regular customers • *Perfect response:* share resp. number of customer requests that a company can answer immediately • *Availability resp. distribution rate:* presence of goods at time and place designated by the customer • *Perfect order:* share or number of deliveries that have been completely and correctly delivered with the correct invoice to the right place at the designated time
Image	• *(Relative) customer satisfaction:* comparison of customer expectations with perceived customer expectations (compared to main competitor) • *Trust:* perceived supplier competence and probability that he abstains from opportunistic behavior • *Perceived dependency:* evaluation of dependence of a supplier • *Perceived price:* regular customers» evaluation of the affordability of the goods offered by a supplier • *Perceived value for price:* regular customers» evaluation of the price-value ratio of the goods offered by a supplier
Intentions	• *Willingness to cooperate:* willingness of the customer to cooperate with a supplier (e.g. regarding a new product development) • *Commitment resp. repurchase intention:* intention of own customers to buy again from the same supplier • *Willingness or intention to recommend:* general willingness or actual intention of the own customers respectively to recommend the supplier to other customers • *Willingness to migrate:* (general willingness of the own customers to switch the supplier • *Churn intension:* intention of the own customers to switch the supplier
Customer behavior (besides purchase)	• *Contact frequency:* Number of contacts that have been initiated by customers within a defined period (per phone, email, web visits, etc.; number of store visits) • *Customer complaints:* number of complaints within a defined period (possibly broken down into complaint reasons) • *Referrals:* Number of customer recommendations within a defined period

(Buying) Behavior	• *Value of purchase:* average amount of a purchase by a regular customer • *Purchase intensity:* number of purchases within a defined period • *Repurchase rate:** percentage of customers (of the total customer base) that made a repurchase or percentage of revenue with regular customers • *Tender success rate:** orders in relation to requests for quotations by regular customers • *Time period since last purchase:* (average) duration between current and previous purchase • *(weighted) customer retention rate:** percentage of customers of t_0 that remained customers in t_1 (per year or regarding the duration of the customer relationship) (possibly weighted by revenue or profit contribution) • *Adapted customer retention rate:** customer retention rate that has been adapted by non-controllable customer migration (e.g. cases of death) • *(Weighted) Customer churn rate:** percentage of customer of t_0 that are not customers in t_1 any more («attrition rate» in financial services) (possibly weighted by revenue or profit contribution) • *Customer half-life:** duration after which half of all new customers (will have) migrated («speed of revolving door») • *Customer recovery rate:** percentage of migrated customers that a company could recover • *Discount share on revenue:* average value of discounts granted to regular customers • *(Weighted) Lapse rate with regular customers:** percentage of lapsed orders with regular customers on total number of orders by regular customers (possibly weighted by turnover) • *Share of wallet:* percentage of purchases of a customer with a supplier on total purchases of that customer in the relevant product category • (=customer penetration rate, share of customer) • *Relative share of wallet:* share of wallet compared to main competitor • *Cross buying rate:* additional purchases (of other products) of a customer (number, type, revenue in a defined period) • *Coverage:** percentage of own customers on total (potential) customer base
Financial results	• *Revenue with regular customers:* achieved turnover with customers that have bought more than once • *Profit contribution with regular customers:* achieved profit contribution with customers that have bought more than once • *Revenue share with regular customers:** share of turnover with customers that have bought more than once • *Profit contribution share with regular customers:** share of profit contribution with customers that have bought more than once • *Loss of receivables:* amount resp. share of loss of receivables with regular customers

*Metric is useful on an aggregated level only.

Source: Reinecke 2004, p. 282, with reference to (among others) Dittrich 2002, p. 204.

Figure summarizes the simplified cause-and-effect chain with selected parameters for the various levels. These parameters can be supplemented with metrics for determining the customer structure (e.g. proportion of target customers, proportion of price campaign customers, average potential of regular customers) as well as selected (and often complex) efficiency fac-

tors (e.g. customer efficiency: customer profit contribution in relation to the utilization of defined bottleneck capacity).

It should be emphasized, however, that the usual aim is not to cover processes as comprehensively as possible, but to ensure a *focus on a small number of metrics* that ideally cover various aspects of the underlying functional chain and which constitute appropriate control parameters for the relevant company.

Figure 29   **Functional chain for measuring customer retention effectiveness**

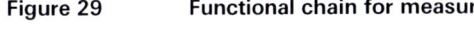

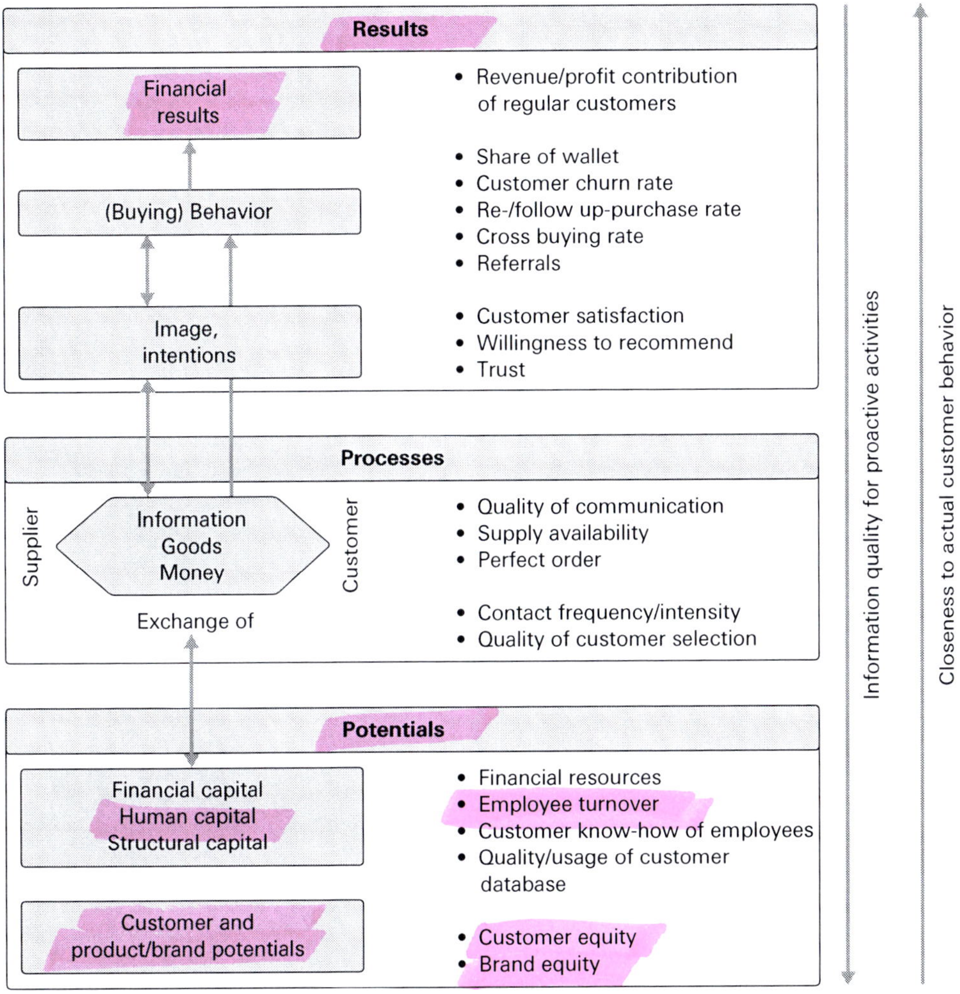

Results	
Financial results	• Revenue/profit contribution of regular customers
(Buying) Behavior	• Share of wallet • Customer churn rate • Re-/follow up-purchase rate • Cross buying rate • Referrals
Image, intentions	• Customer satisfaction • Willingness to recommend • Trust
Processes	
Supplier — Exchange of Information Goods Money — Customer	• Quality of communication • Supply availability • Perfect order • Contact frequency/intensity • Quality of customer selection
Potentials	
Financial capital Human capital Structural capital	• Financial resources • Employee turnover • Customer know-how of employees • Quality/usage of customer database
Customer and product/brand potentials	• Customer equity • Brand equity

Information quality for proactive activities

Closeness to actual customer behavior

Source: Reinecke 2004, p. 288, with reference to Dittrich 2002, p. 198.

The task-related parameters operationalize the marketing and positioning strategy; the latter is substantiated through the selection, prioritization and definition of metrics. Marketing performance measurement systems are company-specific, and thus specific to situations and strategies. Not all core tasks have the same importance to every company; the issue of whether a company prefers to concentrate on customer acquisition or retention, for example, depends on the market situation and that company's particular strengths. It wouldn't make sense, therefore, to propose generic key data modules for the four core tasks. Klingebiel (2000a, pp. 304 ff.) explicitly warns against a one-size-fits-all mentality of the kind seen in the balanced scorecard debate; instead, the system must be tailored to the specific situa-

tion (for numerous company-specific examples cf. Reinecke 2004 and Reinecke/Geis 2004).

Figure 30 shows a possible task-oriented key data selection for an industrial commodities firm that uses a direct sales system, presents itself as an all-rounder and thus accords high priority to all core tasks. The metrics chosen are an attempt to take account of the basic cause/effect relationships indicated as well as aspects of effectiveness and efficiency; the metrics have to be accurately operationalized.

Figure 30   **Task-oriented metrics for an «all-rounder»**

Customer acquisition	Customer retention
• Average amount of first purchase • Number of new customers • Offer success quota • Contact frequency • Sales force qualification	• Churn rate/customer migration rate • Share of wallet • Repurchase intention • Relative customer satisfaction • Employee satisfaction
Product innovation	**Product maintenance**
• Number of new products launched • Average time to market • New product success rate • Customer acceptance index of new product	• Recall (unaided awareness) • (Brand) Image index • Availability/Weighted distribution rate • Change in market share

Source: Reinecke/Janz 2007, p. 357.

9.1.3   Evaluating market potential as the third level of the performance measurement system

Customer and brand equity

If all measures were aimed at developing or exploiting *market potential,* this potential would consequently have to be evaluated in order for the long-term effectiveness of all marketing measures to be measured. For example, the calculation of *aggregated customer equity* is possible in principle, but the many influencing factors make the process complex and unreliable. It is therefore advisable to define customer equity as a strategic factor for the long term to be utilized in particular cases such as the acquisition or sale of a business unit. By contrast, customer migration analyses, for example, are useful from an operational management viewpoint as factors for evaluating the balance of customer acquisition and retention measures; moreover, customer equity calculations specific to target groups are useful for controlling customer selection and processing (Reinecke 2004, pp. 341 ff.).

9.2 Integrating marketing performance measurement systems into the management process

We will now focus on the issue of how a marketing performance measurement system of this kind can be integrated into the decision making process to ensure an effective management cycle. There are five key aspects to consider:

More than just control

1. A marketing performance measurement system is not only used for control purposes; it is fully effective only when combined with *marketing planning* and thus *marketing budgeting.*

Job specificity

2. For a task-oriented marketing performance measurement system to be appropriate to a particular organizational system and particular users, *different perspectives* are required in relation to an integrated system. Key figures should always be job-specific because they are linked not only to defined targets, but also to the functional and temporal frames of reference for decision-making situations (Gritzmann 1991, pp. 47 f.). In the area of marketing, for example, it is often necessary to distinguish between sales, product and customer viewpoints, which produce different targets for different jobs. A task-based marketing performance measurement system must ultimately secure a *compromise between integration and job specificity.* It is useful here to refer back to the *basic principles of the selective key figures concept* (Weber et al. 1997). The task-oriented performance measurement system draws together top-level factors, from which a small number of factors are chosen as top-down defaults with particular relevance to actual marketing and sales jobs. The job holder in question is then responsible for determining other drivers on a bottom-up basis which will help that person satisfy the defined key figures (see figure 31). It is essential that the respective employee perceives actual, personal benefits within the system (such as a reduction in routine tasks, more up-to-date customer knowledge, time savings or improved forecasting).

Figure 31   Basic construction of job-specific dashboards

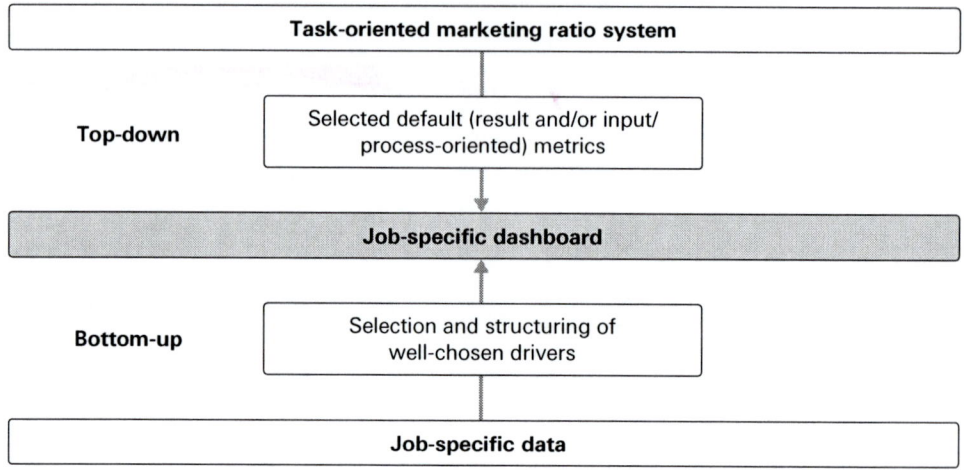

Source: Reinecke 2004, p. 406.

Visual presentation as dashboards

3. *The information and reporting* function should be connected to the performance measurement system. Productive reporting condenses information appropriately as regards content (e.g. references to competitors) and time. In principle, driver factors should be reported with greater frequency; passive result factors should be reported less often (Hronec 1996, p. 161). Reporting must entail the appropriate visual presentation of information (Horváth 2006, p. 590). Focus, clarity and trend identification are the main opportunities offered by such «cockpits» – which can also present risk where utilized in a one-sided, schematic and fragmentary manner (bearing in mind a loss of information). In each case, commenting must be sufficient to ensure reporting actually promotes dialogue.

Alignement with incentive systems

4. *Motivation and incentive systems* must be aligned with the performance measurement system. Empirical investigations into the issue of whether key figures should be linked to (monetary) incentive systems have produced varying findings. Whereas some studies link productivity rises of between 15 and 35 percent to the introduction of monetary incentive schemes (Lawler 1971, Nalbantian 1987 and Binder 1990), others cast doubt on their effectiveness (Berlet/Cravsens 1991, Bevan/Thompson 1991 and Cannel/Wood 1992). However, there is a general consensus that it remains a major challenge to establish a suitable system that will not be circumvented and can actually have a motivational effect (Drucker 1974, p. 340, Schaffer 1991 and Simons 1995, p. 73). Weber and Schäffer (2000, p. 58) warn that linking a new performance measurement system to incentive and motivation systems will quickly reveal any design flaws, which will then take effect (see also Töpfer 2000, p. 102). Employees should also be heavily involved

in order to combat resistance and reservations towards metrics (Bentz 1983, pp. 182 f. and Gritzmann 1991, p. 46).

<table>
<tr><td>Integration into company-wide management control system</td><td>5. A marketing performance measurement system should not exist in isolation, but should be integrated into a company-wide management control system. One empirical study has shown that marketing management teams in companies where the marketing and finance areas cooperative positively are much happier with marketing performance measurement systems.</td></tr>
</table>

In this case, any marketing performance measurement system should be linked to the financial system if possible; at the very least, a common «language» (key figure definitions) should be established. On the other hand, if the company as a whole is managed with a balanced scorecard (Kaplan/Norton 1996, 2001; for details and criticism cf. Reinecke 2004, pp. 108 ff.), it makes no sense for a marketing performance measurement system to be isolated, as this would contradict the interdisciplinary function of marketing.

9.3 The limitations of metrics and performance measurement systems in marketing

Performance measurement systems never replace management control systems

Performance measurement systems are just *one* building block in a wide-ranging control system (Vollmuth 1987, p. 52); they complement, but never replace, instruments such as contribution margin accounting or capital expenditure analyses for product launches. In marketing more than most fields, there are numerous areas which *cannot be sufficiently covered with key figures* (e.g. strengths/weaknesses analyses, gap analyses). A report from a sales representative who has just held a meeting with a major customer may contain many key items of information that go unnoticed in a key data report (McKinnon/Bruns 1992, p. 204). In other words, key figures can only back up dialogue, not replace it. The quotation attributed to Albert Einstein also applies to marketing: «Sometimes what counts can't be counted, and what can be counted doesn't count» (Albert Einstein, cited in Schomann 2001, p. 1).

Performance measurement systems do not take decisions

Performance measurement systems may be responsible for *unfocused strategic monitoring;* the early intelligence they aim to acquire may be unsatisfactory or entirely absent (Krystek/Müller-Stewens 1993, p. 59 and p. 81). Moreover, the content of all such systems is limited owing to compromises on up-to-dateness, applicability, operationality and efficiency (Galler 1969, p. 274).

Performance measurement systems do not take decisions, nor do they perform independent interpretation. The issue of whether enough targets are being met is a question of *key data interpretation,* not of the key data itself - and a performance measurement system is unable to anticipate this (Gritzmann 1991, p. 42).

In addition to the *limitations in the scope of content* in performance measurement systems, we must not overlook the usual risks and *errors associated with working with key data.* The utilization of key data is subject to individual reservations, differing qualification levels and psychosocial phenomena. In many cases where incorrect conclusions have been drawn on the basis of methodically suspect or unclear number combinations, companies have subsequently rejected the use of key data (Radke 1968, p. 148).

Formal errors when using metrics

The following *formal errors* have been identified (Reinecke 2004, pp. 433 ff. and references cited therein):

- *Design errors* are present where a performance measurement system (mathematical or formal) is incorrect or inexpedient, i.e. not appropriate to the decision-making situation in question.
- Insufficient qualification levels or diligence can lead to *errors in data collection and processing.* A report based on invalid data collection and processing is of zero benefit (McKinnon/Bruns 1992, p. 200).
- *Application errors* are often apparent in dysfunctional effects (Simons 1995, pp. 81 ff.). For example, «latitude» may be built into key data at the planning stage to ensure targets are met in any event; otherwise, deviations in key figures may be «smoothed over», i.e. reporting times and periods may be adjusted without corresponding changes to the points observed. Other reports are manipulated by omitting certain occurrences (such as customer complaints) or applying positive discrimination (i.e. the biased reporting of positive, rather than negative, customer responses). The danger of manipulation increases where parameters are linked to incentive systems. *Interpretation errors* (Staehle 1973, p. 228, Siegwart 2002, p. 149 and Gritzmann 1991, p. 45) are another form of application error. Quantitatively accurate key figures can prompt overreactions, resulting in «paralysis by analysis» or the tendency to abandon critical distance and accept key figures as a true representation of reality (Quelch 1992, p. 4). This overlooks the reality that key figures, by definition, invariably condense (Weber/Schäffer 2006, p. 167) rather than fully reflect (Eccles/Noriah 1992, p. 169) the relevant facts.

We may therefore *conclude* that a performance measurement system is not an end in itself. Key data provides a source of information to support decision-making; it cannot and must not take the place of decision-making (Gaitanides 1979, p. 57). As Drucker (1974, pp. 208 f.) puts it, «To make a control system take care of exceptions misdirects and undermines both the work process and the control system.»